KB185255

느린 학습자, 경계선 지능, ADHD를 위한

문해력 수업

일러두기

- 단행본 제목은 《》로, 교과서 단원명이나 잡지명, 곡명, 프로그램명 등은 〈〉로 표기하였습니다.
- 본문에 등장하는 느린 학습자의 이름은 모두 가명입니다.

읽고 쓰기의 즐거움을 깨닫게 해 주는 특급 문해력 솔루션

느린 학습자, 경계선 지능, ADHD를 위한 문해력 수업

· 김나형 지음 ·

추천사

여러 가지 배경으로 학습이 느린 아이들에게는 문해력 강화가 핵심입니다. 하지만 느린 학습자에 대한 이해가 부족한 부모들은 아이의 문해력을 지원할 방법을 제대로 알지 못해 많이 헤맵니다. 다그치고, 싸우고, 절망합니다. 어디서 어떻게 필요한 정보를 찾아야 할지 몰라 막막해 하기도 합니다. 이 책에는 절실하고 진정한 경험이 쌓인 양육자이자 교사의 진심 어린 도움이 가득 담겨 있습니다. 아이에게 읽고 쓰기와 관련한 문제들이 왜 나타나는지, 구체적으로 어떤 문해 활동을 통해 아이의 문해력을 성장시킬 수 있는지 세심하게 보여 줍니다. 교사의 지도법에 초점을 맞춘 책들과 달리 부모와 아이가 함께 할 수 있도록 방법론이 쉽고 친절한 것이 이 책의 미덕입니다.

기억하세요. 부모가 먼저 준비되면 아이는 따라옵니다. 더 이상 아이를 몰아세우고 절망하지 마세요. 다른 아이와 비교하거나 조급해하지도 마세요. 아이의 수준에 맞게, 즐겁게 이 책에 나오는 활동들을 따라 하다 보면 분명 느린 학습자의 문해력은 성장합니다. 중요한 것은 아이가 읽기, 쓰기, 말하기의 즐거움을 경험하는 데 있습니다. 이 책을 통해 느린 학습자와 부모가 함께 성장하기를 기원합니다.

_최나야(서울대 아동가족학과 교수, 《내 아이를 위한 어휘력 수업》 저자)

중학생 이상이 된 느린 학습자를 만나게 되면 그 안타까움이 이루 말할 수 없습니다. 아무리 노력해도 뒤처질 수밖에 없어 좌절과 절망감이 너무 큽니다. 그 과정에서 받은 수많은 압력과 비난으로 부모와 세상에 대한 원망과 적개심도 폭발하기 일보 직전입니다. 친구도 잘 사귀지 못해 외로움도 극심하지요. 그러니 단도직입적으로 말씀드리고 싶습니다.

느린 학습자는 낮은 이해력으로 언어적 유창성이 부족하고, 추론이나 상징화가 어려울 뿐 아니라, 주의력과 집중력이 부족하며, 읽기, 쓰기, 계산 문제 등의 학업 성취도가 낮을 수밖에 없습니다. 이를 빨리 발견하지 못한 채 학교 공부만 따라가도록 압박하는 건 부모도 아이도 무척 불행한 일입니다. 원래 아이들은 수많은 시행착오의 과정을 거쳐 배우고 성장하는 게 정석이지만, 느린 학습자는 다릅니다. 그렇게 하다간 아픔과 좌절 그리고 절망만 남게 되니까요. 느린 학습자에게는 처음부터 아이에게 적합한 방식의 지도가 필요합니다.

이 책은 느린 학습자가 가장 먼저 배워야 할 중요한 문해력이 무엇인지 명확히 알려 주고 있습니다. 학습을 위한 문해력보다 일상생활에서 바로 써먹을 수 있는 문해력의 중요성을 강조합니다. 영화 티켓을 보고 자기 자리를 혼자 찾고, 체험학습 참가 신청서를 작성하고, 사발면 용기에 적혀 있는 조리방법을 이해하고 수행하는, 삶에 필요한 정보를 이해하고 생활의 문제를 해결하는 능력이 곧 읽고 쓰기의 본질적인 목적임을 말합니다. 불필요한 고통의 과정을 줄이고, 가장 효율적으로 느린 학습자 아이들의 문해력을 키우는 실천 가능한 구체적인 방법을 알려 줍니다.

또한 '부모와 아이를 위한 문해력 활동 39'를 통해, 왜 해야 하는지, 어떻게 해야 하는지, 느린 학습자 아이의 문해력을 잘 키우는 방법을 친절하고 섬세하게 안내하고 있습니다. 느린 학습자 아이를 보며 마음 아파하고 답답해하는 어른들의 시각을 바꾸어 주고, 현명하게 이끌어 주는 통찰적 방법이 가득합니다. 느린 학습자 아이를 키우며 방법과 방향을 몰라 방황하고 있는 모든 부모와 교사의 필독서입니다.

_이임숙(아동·청소년 심리치료사, 《4~7세보다 중요한 시기는 없습니다》 저자)

느린 아이와 20년간 살면서 깨달은, 읽고 쓰기의 필요성과 즐거움

저는 느린 학습자에게 읽고 쓰기를 가르치는 강사입니다. 학생뿐만 아니라 성인이 된 느린 학습자, 그리고 저처럼 느린 학습자를 키우는 양육자와 선생님들도 만나고 있습니다. 느린 학습자의 범위와 모습은 생각보다 다양하고 넓지요.

요즘은 느린 학습자라는 말이 낯설지 않다고 하시더군요. 이들을 위한 교육과 여러 지원의 필요성도 많이들 느끼십니다. 이는 매우 반가운 일이지만 불과 몇 년 전만 하더라도 답답한 상황이었답니다. 지능 검사를 비롯한 각종 검사를 통해 확실하게 증명된 경우를 제외하면 이 아이들은 있으나 없는 존재였습니다. 어릴 때부터 조금씩 알려 왔음에도 불구하고요. 언어발달이 느리거나, 운동능력이 더디거나, 남들과 어울리는 데 어려움을 느끼거나 하는 모습으로 말입니다. 이들을 대하는 어른들은 혼란스러웠을 겁니다.

'단지 늦되는 걸까? 요즘은 학습이 너무 빠르게 진행되잖아?'

'외동이니까 그런 거 아닐까? 아빠가 말이 늦었다는데…'

'글자를 왜 자기 마음대로 읽는 걸까?'

'말이 두서가 없네? 성질이 급해서 그런가?

'말은 곧잘 하는데, 읽기와 쓰기는 왜 이 모양이지?'

수많은 물음표가 머릿속에 떠다니지만 학교에 들어가면서 이 혼란은 서서히 정리됩니다. 학년이 올라갈수록 점점 더 뒤처지는 아이의 모습과 참관수업, 단원평가, 학부모 상담을 통해 부모는 결국 내 아이가 느린 학습자라는 사실을 인정하지요. 그나마 이때라도 받아들이고 아이와 할 수 있는 것에 집중하면 다행입니다. 여전히 아이의 어려움을 받아들이지 못하고, 세상의 눈치를 보며 남들의 기준을 따라갈 때 아이와 어른의 불행은 시작되지요.

읽기와 쓰기의 두 가지 목적

저 역시 그랬습니다. 저희 아이도 느린 학습자이거든요. 아이가 어릴 때는 느린 아이에 대한 이해 없이 몰아치듯 한글과 기초 학습을 가르쳤습니다. 그러자 아이는 책이라는 존재를 엄마와 나를 멀어지게 하는 '성벽'처럼 느꼈던 것 같아요. 게다가 자신에게 어려운 방식으로만 읽고 쓰기를 배웠으니 얼마나 힘들었겠어요. 당연하게도, 아이는 점점 글자와 책의 세계로부터 도망치기 시작했습니다.

저는 아이에 대해, 아이의 어려움에 대해 찬찬히 다시 관찰하고 공부하기 시작했습니다. 읽기와 쓰기가 왜 필요한지 저에게도, 아이에게도 물어보았습니다. 남에게 보여 주기 위한 것이 아닌 우리가 끄덕일 수 있는 공동의 목적이 필요했지요. 오랜 고민 끝에, 결국 두 가지 답을 얻게 되었습니다.

첫 번째는 **문제 해결력**입니다. 여기서 말하는 문제란 시험이나 문제집을 넘어 일상의 문제까지 포함합니다. 즉, 일상의 문제를 해결하는 읽고 쓰기이죠. (서울) 4호선 지하철을 타고 목적지까지 가려면 내가 탈 열차가 당고개행인지 오이도행인지를 읽어야 하고, 컵라면도 맛있게 먹으려면 물을 얼마만큼 붓는지, 스프는 언제 넣는지 쓰여 있는 조리 방법을 읽어야 합니다. 또 주민등록증을 발급받을 나이가 되면 신청서의 각 항목에 알맞은 내용을 직접 써야 하죠. 이렇듯 일상의 문제를 해결하는 데 읽고 쓰기는 큰 힘을 발휘합니다.

많은 양육자가 이런 일상의 일들을 아이 대신 처리해 줍니다. 학습인지에 시간과 에너지를 쏟다 보니, 생활에 필요한 인지능력과 문제 해결력을 길러 줄 여유가 없거든요. 하지만 학습의 가장 큰 목적 중 하나는 배운 것을 생활에서 활용하는 것입니다. 시험에서 80점 이상을 받아도 자기 생활의 사소한 문제를 해결하지 못하는 아이는 반의 반쪽짜리 읽기, 쓰기를 하는 것이나 다름없습니다.

누구나 자기의 문제를 스스로 해결할 때 내가 괜찮은 사람이라고 느낍니다. 나에 대한 자신감, 유능감을 느낄 때 자존감도 올라갑니다. 그래서 저는 '문제 해결을 위한 읽고 쓰기의 힘'이라는, 통용되는 것과는 조금 더 현실적인 문해력을 아이와 함께 키워 보기로 결심했습니다.

두 번째는 **즐거움**입니다. 학습치료사이자 도서관 사서 출신, 그리고 글과 말로 먹고살던 저는 아이가 학교에 들어갈 무렵부터 재미없는 독서를 강요했습니다. 아이 관심사 밖이었던 과학 동화, 수학 동화를 전집으로 사들이고 공부하듯 책을 들이댔지요. 아이가 발음이 안 좋다 보니, 책을 읽을 때마다 소리 내어 읽게 하면서 틀린 부분을 계속 지적했고요. 책을 읽고 함께 키득거리기보다는 내용을 잘 기억하고 있나, 자꾸 대답을 들으려 했습니다. 그러니 아이는 어느 날부터 책만 보자고 하면 슬슬 도망가더군요.

독서에는 즐거움으로서의 독서와 학습으로서의 독서, 두 가지가 있습니다. 학습이 즐거운, 타고날 때부터 영특한(사실은 매우 드물고 신비로운) 아이들도 있기는 하지만, 느린 학습자에게 공부를 위한 읽기와 쓰기는 쉽지 않은 일입니다. 게다가 느린 학습자들은 학년이 올라갈수록 시간이 남아돕니다. 다른 아이들은 학원과 숙제에 치이고 친구도 만나느라 24시간이 모자라지만, 느린 학습자의 시계는 천천히 가지요. 만날 친구도 없고, 받아 주는 학원도 거의 없습니다. 게임이나 스마트폰만 하도록 내버려 두고 싶지는 않지만, 다른 대안이 없는 아이와 어른에게 시간은 선물이 아닌 한숨 보따리입니다.

만약 이 시간에 아이와 소박하고 즐겁게 책을 읽고 책대화를 나눈다면 어떨까요? 독후감을 억지로 쓰게 하거나, 준비물이 많이 필요한 독후활동을 하느라 어른과 아이가 부담스러우면 안 됩니다. 그건 꾸준히 할 수 없으니까요. 학습만이 아닌 재미와 소통을 주목표로 하면 두 사람 모두 즐거울 수 있습니다.

느린 학습자와 부모에게 봄비가 내리기를 기원하며

요즘 부모님들 중에는 이 두 가지를 일찍부터 적용하시는 분들도 꽤 계십니다. 하지만 여전히 학습 위주의, 생활과 분리된 교육으로 아이와 어른 모두 고생을 합니다. 학습이 중요하지 않다는 말이 아닙니다. 느린 학습자를 중심에 둔 학습 목표를 잡아 보자는 이야기입니다. 아이들마다 그 내용과 방법들이 달라지기도 하고요. 가르치는 사람이 기준과 목표를 잘 잡지 않으면 아이와 어른 모두 혼란스럽고 지칩니다. 그 기준과 목표를 찾는 데 조금이나마 도움이 되고자 하는 마음으로 이 책을 쓰게 되었습니다.

이 책은 총 2부로 구성되어 있습니다. 1부에서는 부모를 불안하게 만드는 오늘날의 문해력 세태와 느린 학습자의 읽기, 쓰기 특징을 다루고 있습니다. 앞선 내용이 느린 학습자의 부모를 혼란스럽게 하기에, 도움이 될 기준과 지도 원칙도 정리해 놓았습니다. 또 느린 학습자와 챙겨 갈 다섯 가지 읽기, 쓰기 요소를 자세하게 안내했습니다. 이에 대한 구체적인 연습법은 2부에서 확인하실 수 있습니다. 더 많은 내용을 담고 싶었으나 읽기, 쓰기, 어휘와 제가 가장 중요하게 여기는 생활문해력을 위주로 정리해 보았습니다.

느린 학습자와 함께 매일, 덜 부담스럽게 연습할 방법들을 알려드리고 싶었습니다. 여기 있는 모든 활동을 다 하지 않아도 됩니다. 우리 아이의 수준에 맞고 흥미 있어 할 만한, 혹은 내가 바로 해 볼 수 있겠다 싶은 것부터 차근차근 시작해 보세요.

중요한 것은 '매일, 소박하게' 하는 겁니다. 소위 가랑비에 옷 적시기 전략입니다. 소낙비나 장대비에는 옷만 젖지 않습니다. 마음이 젖어 버리지요. 우리 아이들이 읽고 쓰고 생각하기의 가랑비를 매일, 따뜻하게 맞기를 바랍니다. 그 가랑비를 함께 내릴 수 있도록 저도 노력하고 경험을 나누도록 하겠습니다. 느린 학습자를 키우고 만나는 어른들에게도 따뜻한 봄비가 내리기를 기원합니다.

우리 아이도 느린 학습자일까?

느린 학습자라는 말을 들어 보셨나요? 들어는 봤는데 내 아이가 느린 학습자인지 아닌지 혼란스러우신가요? 느린 학습자에 대한 정의는 기관과 주체에 따라 다양하답니다. 하지만 단어에서도 느껴지듯 공통적으로는 뭔가를 배울 때 속도가 더디고, 한 번에 일정 분량 이상의 내용을 배우지 못한다는 특징을 갖고 있지요. 우리가 잘 아는 지적장애, 자폐성장애, 학습장애 아이들이 다 이런 모습을 보입니다. 그러니 이 아이들은 모두 느린 학습자라고 할 수 있습니다.

여기에 최근 몇 년 전부터 새롭게 추가된 아이들이 있습니다. 바로 경계선 지능을 가진 아이들입니다. 경계선 지능이란 지적 장애 수준(IQ 70 이하)은 아니지만, 평균보다 낮은 지적 능력을 말합니다. 표준화된 지능 평가 점수(웩슬러)로 말하면 IQ 71~84에 해당

되는 사람들이지요. 이 경계선 지능 인구가 얼마나 될까 싶습니다만 놀랍게도 전체 장애인 인구(지적장애, 자폐성장애, 그 외 장애)보다 훨씬 많습니다. 2024년 국회에서 잡은 추정치만 해도 약 697만 명으로 전체 인구의 13.6퍼센트입니다.

추정치이다 보니 실제로는 수면 위로 드러나지 않은 경계선 지능인이 더 많을 것으로 보입니다. 왜 추정치인가 싶으시죠? 사실 장애 진단을 받은 사람의 수는 명확히 파악할 수 있습니다. 각종 검사나 진단을 통해 통계에 잡히니까요. 하지만 경계선 지능인은 여러 이유로 지능검사를 받지 못하거나 받지 않습니다. 받더라도 현 제도에서는 장애인에 해당되지 않다 보니 정확한 숫자를 알 수가 없습니다. 이들은 가정, 학교, 지역사회에서 '뭔가 답답한 아이', '어떨 땐 괜찮은데 어떨 땐 황당한 모습을 보이는 아이'로 불리며 우리와 함께 살고 있지요.

경계선 지능 아이들은 초등학교에 들어가면서 조금씩 기초 학습과 사회성에서 어려움을 느낍니다. 학년이 올라갈수록 그 강도와 빈도는 가중되지요. 2023년 교육부 조사에 따르면 초등 1학년 때는 경계선 지능 아이 10명 중 3명이 기초 학력에 미달되었습니다. 6학년이 되면 10명 중 8명으로 늘어납니다. 결국 이 아이들은 교실에 '앉아만' 있는 상황이라고 볼 수 있겠네요.

이제는 너무나 많아진(그래서 갸우뚱하게 되는) ADHD 아동도 느린 학습자에 해당됩니다. 특히 경계선 지능 아이들은 ADHD를 동반하는 경우가 많습니다. 읽고 쓰기는 지속적인 주의집중을 요구합니다. 그렇다 보니 지능에 어려움이 없어도 학년이 올라갈수록 글이 길어지고, 구조적인 글쓰기를 해야 하는 상황에 버거움을 더 많이 느끼겠지요. 많은 연구에서 ADHD 집단은 일반 대상자들보다 읽기와 쓰기 학업 수행 수준이 낮았고 읽기보다는 쓰기에 좀 더 어려움을 보인다고 합니다.

저 역시 학교, 지역 아동 센터, 방과 후 센터, 도서관 수업에서 이 아이들의 존재를 느끼고 있었습니다. 그림책을 이용한 읽고 쓰기 수업이나 그림책 감정 수업을 할 때, 이 아이들은 제 말을 잘 알아듣지 못하고, 책 읽기에 흥미를 보이지 않거나 쓰기를 힘들어하더군요. 또래 아이들은 착착 해내는데 본인은 잘 안되니 제 앞에서 활동지를 구겨 버리는 아이도 있었습니다. 저는 느린 아이를 키웠기에 이 아이들을 잘 알아볼 수 있었지요. 제가 느린 학습자를 위한 수업에 몰두하게 된 이유이기도 합니다.

앞서 말한 것처럼 느린 학습자의 정의는 생각보다 넓습니다. 그래서 이 책은 경도의 지적장애나 경계선 지능을 가지고 있는 아이들, ADHD의 특성을 보이는 학습장애 아이들을 대상으로 하고 있습니다. 제가 아이들과 수업했던 방법과 사례들을 담았지요. 물론 발달 장애아인 경우라도 읽고 쓰기가 생각보다 잘되는 경우, 아이에게 맞는 부분을 골라 같이 해 볼 수 있을 겁니다.

우리 아이가 느린 학습자인지 확인하려면

우리 아이도 혹시 경계선 지능의 느린 학습자인지 궁금하실 수 있겠네요. 정확히는 지능검사를 해 봐야 알 수 있지만, 교육부에서 만든 체크리스트가 있습니다. 이 체크리스트는 학교 선생님들이 경계선 지능 아동을 조기 발견하여 교육적 지원을 하기 위해 만들어졌습니다. 느린 학습자들이 흔히 보이는 특징을 언어, 기억력, 지각, 집중, 처리 속도 영역에서 살펴보도록 하고 있지요. 내가 만나는 아이들을 3개월 이상 관찰하며 체크하도록 되어 있습니다.

양육자는 아이를 오랫동안 봐 왔지만 객관적인 눈을 갖기가 쉽지 않습니다. 외동아이를 키우다 보면, 이 아이의 발달이 평균 속도를 따라가고 있는지 가늠이 안 됩니다. 다둥이를 키우는 경우도 유난히 발달 속도가 빠른 첫째에 비해 둘째가 느려 보인다거나, 반대로 발달이 느린 첫째를 보며 둘째의 모습도 자연스럽다고 받아들일 수 있습니다. 말은 느리지만 행동이 빠른 아이도 있어 헷갈리기도 합니다. 이런 고민을 한 번쯤 해 보셨다면 아이의 발달을 다섯 가지 영역에서 종합적으로 볼 수 있으니 다음 장에 있는 체크리스트를 활용해 보면 좋겠습니다.

문항 중에는 수업시간에 보이는 반응을 물어보는 것들이 있습니다. 이 부분은 학교 선생님과 상담을 통해 확인해 보면 더 정확하겠지요. 총점을 계산하고 점수표를 보며 우리 아이가 일반군, 경계선 지능 탐색군, 위험군 중 어디에 해당하는지 확인해 봅니다.

본인이 직접 체크하는 검사를 '자기보고식 검사'라고 합니다. 자기보고식 검사는 결과도 주관적일 수 있다는 한계가 있지요. 이 한계를 극복하는 방법을 알려 드립니다. 우리 아이를 가르치는 선생님과 함께 해 보는 겁니다. 정확하게 알아보려면 공식적인 지능 검사를 해야 하지만 비용이 만만치 않지요. 기관마다 차이는 있지만 평균 몇십만 원에 육박합니다. 그래서 검사를 못 받는 가정도 많답니다. 하지만 반갑게도 여기저기서 이를 지원하는 곳들이 생기고 있습니다. 서울시 및 일부 지역 교육청에서 느린 학습자를 위한 학습 도움 센터를 운영하고 있거든요. 여기서 경계선 지능인이나 난독 대상자를 위한 검사와 수업을 지원한답니다. 학교 선생님을 통해 신청할 수 있으니, 우리 아이가 경계선 지능이나 난독이 의심된다면 담임 선생님과 상의하셔서 지원 제도가 있는지 꼭 알아 보세요.

■ 내 아이도 느린 학습자일까? 체크리스트

1. 그렇지 않다 2. 조금 그렇다 3. 그렇다 4. 매우 그렇다

문항	1	2	3	4
언어				
1. 단순한 질문에는 대답하지만, 생각해야 하는 질문에는 논리적으로 표현하지 못한다.				
2. 상대방이 말한 의도를 제대로 파악하지 못한다.				
3. 말을 할 때 적절한 단어를 떠올리지 못해 머뭇거린다.				
4. 구체적으로 지시하지 않으면 엉뚱한 행동을 한다.				
5. 또래보다 어휘력이 부족하다.				
기억력				
6. 오늘 배운 내용을 다음날 물어보면 기억하지 못한다.				
7. 여러 번 반복해도 잘 기억하지 못한다.				
8. 방금 알려주었는데 돌아서면 잊어버린다.				
9. 연속적인 순서를 기억하지 못한다.				
10. 수업 시간에 손을 들지만 물어보면 대답을 잊어버린다.				
11. 순서가 있는 활동에서 자신의 차례를 잊어버린다.				
지각				
12. 비슷한 글자나 숫자를 읽을 때 자주 혼동한다.				
13. 상하좌우 등 방향을 혼동한다.				
14. 비슷하게 발음되는 단어들을 듣고 구별하는 데 어려움이 있다.				
15. 간단한 그림이나 도형을 보고 그대로 따라 그리기 어려워한다.				
집중				
16. 과제를 할 때 주의가 산만해진다.				
17. 과제를 할 때 주의집중 시간이 짧다.				
18. 교사의 안내나 지시에 집중하지 못하고 관련 없는 행동을 한다.				
19. 수업 시간에 과제에 집중하지 못하고 멍하니 앉아 있다.				
20. 주의집중을 필요로 하는 활동에서 또래보다 쉽게 지친다.				

처리속도				
21. 또래보다 학습속도가 느리다.				
22. 정해진 시간 내에 과제를 마치지 못한다.				
23. 칠판이나 책에 쓰여 있는 단어나 문장을 노트에 옮겨 적는 데 오래 걸린다.				
총점 (원점수)				점

■ 체크리스트 점수표

점수	원점수: 점		
우리 아이는 어떤 대상?	경계선 지능 위험군	경계선 지능 탐색군	일반군
	□	□	□
1학년	64점 이상	58점 이상~64점 미만	58점 미만
2학년	62점 이상	53점 이상~62점 미만	53점 미만
3학년	59점 이상	53점 이상~59점 미만	53점 미만
4학년	60점 이상	54점 이상~60점 미만	54점 미만
5학년	56점 이상	51점 이상~56점 미만	51점 미만
6학년	60점 이상	52점 이상~60점 미만	52점 미만

출처: 국가기초학력지원센터(한국교육과정평가원)

차례

2장. 부모가 챙겨야 할 문해력 기본기

2부
부모와 아이를 위한 문해력 활동 39

1부

느린 학습자의 문해력 이해하기

느린 학습자의 문해력 증진을 위해서는 내 아이가 보이는 읽고 쓰기의 특성을 제대로 이해해야 합니다. 부모를 불안하게 만드는 '문해력' 키워드를 살펴보고, 느린 학습자를 지도하며 부모가 챙겨야 할 기본기를 알려 드립니다. 천천히 배우고 성장하는 우리 아이에게는 어떤 것들이 필요할까요?

1장

문해력 불안의 시대, 느린 아이의 문해력

"문해력이 중요하다는데, 내 아이는 괜찮은 걸까요?"

대한민국에서 '문해력'이라는 단어는 더 이상 낯설지 않습니다. 특히, 자녀교육에 관심이 있는 분이라면 제목에 '문해력', '읽기', '글쓰기', '독서'라는 단어가 들어간 책을 홀린 듯이 집어 들게 됩니다. 여러분도 그래서 이 책을 붙잡고 계시겠지요. 더더군다나 느린 아이의 문해력이라니요! 우리는 이미 한글을 가르칠 때부터 예상을 뛰어넘는 고생을 했습니다. 그리고 아이의 문해력이 뭔가 수상하다는 사실을 눈치챘지요. 마침내, 학교를 다니면서 그 예감은 안타깝게도 현실이 됩니다.

문해력은 꼭 챙겨야 할 기본기가 되었지만, 문해력이 중요해지면서 느린 아이 부모의 불안감도 덩달아 커졌습니다. 이 불안감은 어디서 왔으며, 우리에게 어떤 영향을 끼치고 있을까요?

문해력이 수능과 연결되면서 시작된 심리전

흔히 학습으로서의 문해력을 대학수학능력시험과 연결 짓고는 합니다. '수능 국어 지문은 날이 갈수록 길어지고 있으니 긴 글을 읽는 힘이 필요하다', '수능에서 과학기술, 사회현상, 철학사조 등 소위 비문학 지문을 아이들이 힘들어 하니 미리미리 대비해야 한다' 같은 이야기들 말입니다. 실제로 예전 수능 국어 영역에서는 약 2000자 분량의 헤겔 변증법 지문이 나왔습니다. 철학 전공자들도 어려워할 정도의 난이도였죠. 1교시부터 혼란을 겪은 수험생 입장에서는 다음 시험을 담담하게 보기가 쉽지 않았을 겁니다.

동의하지는 않지만 현실적으로 우리나라 교육은 대학 입학을 목표로 달리는 구조입니다. 그러다 보니 그 허들을 넘는 수능이라는 시험에서 자유로울 수가 없지요. 영어는 절대평가가 되었고, 수학은 잘하는 아이와 포기한 아이로 일찍부터 나뉩니다. 그래서 언제부터인가 불수능(너무 어렵게 출제된 수능을 빗대는 말)의 또 다른 주인공이 국어가 되었습니다. 뒤늦게 사교육계의 효자 상품이 된 셈입니다.

그 대표적인 사례 중 하나가 '독해력 문제집'의 출현입니다. 시중에는 유아부터 풀 수 있는 독해력 문제집이 다양하게, 많이 나와 있지요. 글을 읽고 문제를 푸는 방식을 어렸을 때부터 준비하지 않으면 큰일이 난다는 무언의 압력입니다. 상황이 이렇다 보니, 느린 아이 부모의 답답증과 불안감이 점차 증폭됩니다.

'아니, 7세에 이런 어휘를 알아야 한다고?'

'다른 아이들은 이 정도 길이의 지문을 혼자 읽고 문제를 풀 수 있나 보네. 그런데 우리 아이는…'

문장형, 서술형 수학 문제의 등장

느린 아이는 하나부터 열까지 일일이 가르쳐야 합니다. 다른 아이들은 어깨너머로 배우는 것들도 하나하나 말입니다. 학습은 말할 나위도 없지요. 남들 다 다니는 학원에라도 보내고 싶지만, 받아 주지 않습니다. 설령 가더라도 우리 아이 수준에 맞추어 수업하지 않으니 내가 끼고 다시 가르칩니다. 한글, 어휘, 글쓰기, 수 세기, 수의 크기 비교, (부모도 처음인) 가르기와 모으기, 덧셈, 뺄셈을 겨우겨우 가르쳐서 학교에 보냅니다. 게다가 느린 아이 가르치기는 극강의 인내심을 요구합니다. 그런데 아뿔싸, 이게 웬일인가요? 단원평가나 수학 익힘책에 이런 문제가 있네요.

> 우리 가족의 수는 4입니다. 동생이 태어나면 우리 가족의 수는 □ 보다 1 큰 수인 □ 가 됩니다.

4 더하기 1을 모르지 않습니다. 1 큰 수, 1 작은 수를 어려워하기는 했지만, 수없이 반복한 덕분에 툭! 치면 대답할 수 있습니다. 그런데 위 문제는 전혀 풀지를 못합니다. 문장으로 된 문제를 읽고 어떤 개념을 연결해야 하는지 알아야 하거든요. 이런 유형을 '문장형 문제', 즉 '문장제'라고 합니다. 문장제 말고도 아이와 부모를 당황하게 만드는 또 다른 유형의 문제가 있습니다.

22와 30 중에서 더 큰 수는 어느 것인지 풀이 과정을 쓰고 답을 구하세요.

아이가 자신 있게 답을 씁니다. 30! 하지만 풀이 과정을 쓰라네요. 아이에게 30이 왜 22보다 큰지 물어봅니다. "30이 당연히 큰데, 그건 당연한 건데…" 그러게나 말입니다. 부모도 이걸 뭐라고 설명해야 하나, 어떻게 쓰라고 해야 하나 싶습니다. 해설지를 보는 수밖에 없지요. 이런 유형의 문제는 내가 아는 것을 문장으로 쓰는 서술형 문제입니다. 산 넘어 산입니다.

수학의 기초와 개념을 그렇게 열심히 가르쳤건만, 허탈합니다. 다른 아이들은 문장제와 서술형 전용 문제집을 풀기도 한다는데, 나와 우리 아이는 이런 문제를 포기할 수밖에 없습니다. 포기가 안 되면 드잡이를 해서라도 애를 가르칩니다. 학년이 올라갈수록 이 유형의 문제가 늘어난다고 하니까요. 읽기와 쓰기가 수학과도 관련이 있다니, 부모의 심정은 '어찌 하오리까!'입니다.

너무나 달라진 학교 수업

10년이면 강산이 변한다고 하지요? 부모가 초등학교를 졸업한 지는 20년도 넘었으니 학교는 얼마나 많은 것이 변했는지 깜짝 놀랄 수도 있습니다. 예전에는 선생님이 다 설명하고 아이들은 듣고 적기만 했지요. 하지만 요즘에는 협력과 참여 중심의 수업을 한답니다.

교과서 지문을 읽고 짝과 함께 각자 발견한 재미있는 부분에 관해 이야기를 나눕니다. 선생님이 어떤 질문을 던지면 모둠끼리 모여 자기 의견을 돌아가며 말하고요. 우리 모둠에서 나온 의견을 정리할 사람, 발표할 사람을 정하고 마무리 짓습니다. 그리고 반 아이들 앞에서 발표하며 서로의 의견과 생각을 공유합니다. 글 읽기, 나의 의견 정리해서 말하기, 우리 모둠에서 나온 이야기 정리해서 쓰기, 대표해서 말하기, 다른 사람의 발표 잘 듣기. 아이들은 학년이 올라갈수록 듣기, 말하기, 읽기, 쓰기가 종합적으로 요구되는 수업에 참여하고 있습니다.

수행평가도 부모님들은 낯설게 느껴진다고 해요. 뉴스에서 중고등 수행평가에 관한 이야기는 들어 보셨지요? 사실 초등 때부터 수행평가는 이루어집니다. 이때는 학생이 수업에 참여하는 과정과 태도, 그리고 그 결과물을 확인합니다. 교사가 이것들을 관찰하고 다양한 방법으로 평가하지요. 예를 들어 국어 시간에 〈바른 자세로 말해요〉라는 단원을 배웠다면, 듣는 사람을 바라보며 바른 자세로 자신 있게 말하는지 발표를 시켜 봅니다. 그리고 교사가 그 모습을 관찰하고 평가합니다. 꾸며 주는 말을 배웠다면, 꾸며 주는 말을 넣어 간단한 문장이나 글을 써 보게 합니다. 특히 수행평가는 학년이 올라갈수록 직접 글을 써야 하는 서술형, 논술형 등 여러 평가 형태로 자주 이루어집니다. 배운 것을 머리나 지식으로만 알고 있는 것이 아니라 내가 직접 몸으로 해낼 수 있는지 확인하고 있습니다.

쓰기가 강조되는 교과서

아이들이 수업 시간을 힘들어하는 이유 중 하나는 쓰기와 관련이 있습니다. 학교에 적응할 시간을 주는 1학년 1학기는 좀 낫습니다. 하지만 2학기부터는 받아쓰기를 슬슬 시작하고, 독서록을 쓰게 하는 학교도 있습니다. 독서가 좋다는 건 알지요. 하지만 우리 아이는 책은커녕 한글도 어렵게 익혀 이제야 문장을 더듬더듬 읽는다는 게 문제입니다.

가족들과 여행을 갔다 오니 학교에서는 체험학습 보고서를 쓰라고 합니다. 아이는 관심도 없고 어려워하니 부모의 숙제가 됩니다. 방학식 때 교과서를 가져왔는데, 버리기 전 펼쳐 보니 무슨 쓰기 활동이 그리 많은지 모르겠습니다. 국어 교과서에는 꾸며 주는 말을 배우고, 꾸며 주는 말을 사용해 주말에 있었던 일을 써 보라고 되어 있네요. 우리 아이의 교과서는 허옇게 비어 있거나 엉뚱한 그림이 그려져 있습니다.

이참에 사회, 과학 교과서도 펼쳐 봅니다. 생각보다 어려운 단어가 많이 나오네요. '고장', '디지털 영상 지도', '알림판', '인공위성' 같은 단어뿐만 아니라 두 그림을 보고 공통점과 차이점을 찾아 쓰라거나 나의 의견을 써야 하는 부분도 꽤 많습니다. 사회와 과학도 쓰기를 이렇게 많이 한다는 것에 놀랍니다. 우리 아이는 그 시간 동안 어쩌고 있었을지 생각하면 마음이 씁쓸합니다.

느린 아이도 빠지는 디지털 세상

요즘 아이들을 디지털 네이티브라고 부릅니다. 영어를 쓰는 나라에서 태어나 영어를 모국어로 사용하는 사람을 잉글리시 네이티브라고 하지요. 디지털 네이티브는 어린 시절부터 디지털 환경에서 성장하여 스마트폰, 컴퓨터와 같은 디지털 기기를 자유자재로 사용하는 세대를 일컫는 말입니다.

느린 아이들도 스마트폰에 자기가 관심 있는 앱을 깔거나, 유튜브로 좋아하는 콘텐츠를 곧잘 찾습니다. "다른 건 가르치는 데 그

토록 시간이 걸렸는데, 이건 안 가르쳐줘도 하네요…"라고 부모는 푸념합니다. 일정 나이가 되면 나만의 스마트폰을 갖고 싶다고 주장하고, 다른 친구들처럼 SNS를 통해 소통도 하고 싶어 하죠.

적당히 여가로서 사용하면 좋겠는데, 많은 집이 고민하듯 이 '적당히'가 안 됩니다. 느린 아이들도 디지털 세상에 폭 빠져서 곤란한 일들이 벌어지지요. 다른 아이들도 그렇듯 화려하고 빠르게 진행되는 영상의 문법에 익숙해지면 더욱더 글이 싫어집니다. 원래도 글 읽기가 힘든 느린 아이들이니까요.

느린 아이의 특성으로 인해 안타깝거나 위험한 일이 벌어지기도 합니다. 남들처럼 카톡을 하는 게 기특해서 놔 두었더니 예상 밖의 일들이 발생합니다. 친구는 원치 않는데 생뚱맞은 질문을 끊임없이 하거나 계속 이모티콘을 보냅니다. 상대 아이가 답장을 하지 않는다며 지나치게 서운해 하거나 화를 내기도 하죠. 여기서 더 부정적으로 진행되면 상황을 오해하고, 상대 아이를 카톡에서 공격하기도 합니다. 그러다 보니 엉겁결에 학교폭력 가해자가 되는 경우도 있습니다.

앞서 말한 상황들, 모두 공감되시지요? 이런 혼란스러운 상황에 놓인 부모는 내가 도대체 뭘 어떻게 해 줘야 하나 싶습니다. 무작정 책을 많이 읽어 주면 될까, 문제집을 종류별로 반복해서 풀면 되려나, 필사가 좋다는데 따라 쓰기를 해 볼까, 핸드폰을 못 쓰게 해야 하나 머리가 복잡합니다. 포기할 수도 없고 더 쥐어짜 낼 힘도 없으니 마음만 불안합니다.

남들보다 느린 아이는 이렇게 읽고 씁니다

부모의 불안감을 증폭시키는 것이 또 있습니다. 바로 느린 아이들이 보이는 읽고 쓰기의 특징입니다. 이해할 수 없는 이 모습이 부모 마음의 분노 버튼을 누르기도 합니다. 욱하는 마음에 아이와 한바탕하고 나면 후회가 밀려오고, 더 이상 아이와 무엇을 할 힘이 나질 않습니다.

한글을 떼는 게 이렇게 힘들 일이니?

소영이 엄마는 한글을 가르치며 수없이 아이를 울렸다고 고백하시더군요. 모든 발달이 느렸기에 한글에 빨리 노출시키고 장시간 가르쳤답니다. 통글자는 제법 익혀 자모음으로 넘어갔는데, 여기서부터 본격적인 어려움이 시작되었습니다. 자음, 모음을 다 배웠는데도 익숙한 글자가 아닌 새로운 글자나 단어를 잘 못 읽더랍니다. '냉장고'는 읽지만 '장소'를 빨리 읽어 내지 못하는 거죠. 엄마는 당황스러웠습니다. 아이를 가르치다 답답하니 소리를 지르게 되고, 그 빈도와 강도가 점점 세지는 걸 느낍니다.

읽기는 어찌어찌 넘어갔는데, 쓰기는 또 다른 문제네요. '학교'라는 글자를 읽을 줄은 아는데 쓸 줄은 모릅니다. 엄마는 아이에게 10번씩 반복해서 쓰게 합니다. 그런데 다음날 다시 써 보라고 하면 또 틀립니다. 하나를 가르쳐 주면 두 개를 알기는커녕 그 하나마저도 까먹으니 엄마는 소리를 지르게 됩니다. "어제 10번이나 썼잖아!", "방금 쓴 '교실'의 '교'와 '학교'의 '교'는 똑같은 거잖니, 아이고 답답해…."

그뿐만이 아닙니다. 한글을 읽을 수 있게 되어도 글자나 책에 도통 관심이 없습니다. 아주 짧은 문장의 그림책도 혼자 읽으려 하지 않죠. 다른 집 아이들은 세 문장은 쓴다는데, 우리 아이는 연필만 보면 도망갑니다. 글자와 원수라도 진 걸까요?

느린 아이의 경우, 대부분 한글을 익히는 데 어려움을 겪습니다. 어른이 보기에 한글은 매우 체계적인 글자이고 원리도 간단합니다. 하지만 어른이기에 쉬운 일이지요. 한글 익히기는 생각보다 많은 능력을 필요로 합니다. 각각의 소리를 듣고 구분하는 음운 인식 능력('가방'과 '가지'라는 단어를 들었을 때 앞소리는 [가]로 같고, 뒷소리가 서로 다름을 아는 것), 자음과 모음의 소리를 정확히 알고 조합하는 기술('ㄱ'이라는 글자는 [그]라는 소리가 나고, 'ㄱ'과 'ㅏ'가 합쳐지면 '가'가 된다는 것), 소리를 듣고 그에 해당하는 글자를 기억해서 떠올리는 능력 같은 것들이죠. 이런 능력이 부족한 느린 아이들은 한글을 익히기부터가 쉽지 않습니다. 그래서 글과 책을 별로 좋아하지 않습니다. 되도록 멀어지려고 하지요.

도대체 왜 이렇게 읽는 거니?

우연이 엄마는 소리 내어 읽기를 매일 시키고 있습니다. 여기저기서 찾아 본 강의와 책에서 소리 내어 읽기가 중요하다고 하니 실천에 옮기고 있지요. 그런데 다음과 같은 모습들이 자주 목격되어 어찌해야 하나 싶습니다.

❶ 글자를 중간중간 빼먹으며 읽는다

꼼꼼히 챙겨 읽어야 내용을 이해할 텐데, 군데군데 빼먹고 읽습니다. 정작 아이는 어디를 놓쳤는지 모르거나 신경 쓰지 않지요. 이런 모습이 부모를 더 답답하게 합니다.

② 없는 글자를 넣어서 읽는다

빼먹고 읽는 것도 문제지만, 심지어 없는 글자나 단어를 '굳이' 끼워 넣기도 합니다.

③ 바꿔서 읽는다

시력에 문제가 없는데도 멀쩡한 단어를 다르게 읽거나, 특히 끝머리를 바꿔서 읽는 모습을 보입니다. "산에 올라갔습니다."를 "산에 올라갔어요."라고 자기 마음대로 읽으며 부모의 분노 게이지를 올립니다.

④ 자연스럽게 읽지 못한다

"나는 웃음거리가 되었다."라는 문장을 읽을 때, '웃음거리'라는 단어는 [우슴꺼리]라고 읽어야 합니다. 하지만 우연이는 아주 정직한 발음으로 '웃.음.거.리'라고 읽습니다. 글자 단위로 통통 튀듯이 읽거나, 자연스럽게 띄어 읽지 못합니다. 인공지능보다 더 부자연스럽게 읽지요.

소리 내어 읽기를 꾸준히 시켜도 별 진전이 없으니 부모는 낙담합니다. 아이가 잘못 읽을 때마다 "똑바로 읽어!", "또 틀렸잖아.", "다시 읽어!"라고 날 선 반응을 하게 되고요. 우연이는 점점 더 읽기가 싫어지고 책만 보면 짜증을 냅니다.

위에서 보인 읽기의 모습들은 모두 읽기 유창성이 부족해서 나타나는 특징입니다. 읽기 유창성은 아이가 혼자서 글을 소리 내어 읽는다고 눈에 띄게 좋아지지 않습니다.

어휘력이 이렇게 빈약할 수가!

저는 느린 아이들이나 양육자, 센터 선생님들을 대상으로 강의를 합니다. 특히 국어 교과서를 활용한 공부법이나 복습 강좌를 열지요. 다음 학기나 학년이 되기 전에 아이들의 빈 구멍을 메꾸고 가는 작업이 꼭 필요하기 때문입니다. 예전에 2학년 아이들과 1학년 국어 교과서를 복습했던 기억이 나네요. 당시 1학년 국어 교과서에는 〈돌잡이〉라는 지문이 있었습니다. 이 글을 같이 읽고 충분히 대화를 나누며, 새로 알게 된 점을 정리해서 써 보게 했습니다. 그런데 한 아이가 이렇게 쓰더군요.

1. 돌잡이를 읽고 새롭게 알게 된 점을 써 봅시다.

단어	새롭게 알게 된 점
돌	나는 처음엔 일반돌인줄 알안다 근데 일반돌이 아니라는 사실을 알게되었다 이돌은 생일을 나타나는돌인것 같아.

'돌잡이'의 '돌'이 돌멩이인 줄 알았다는 겁니다. 저는 웃음이 났지만, 엄마 마음은 다르더라고요. 수업 후 상담에서 이렇게 말씀하셨습니다. "사촌 동생이나 지인들 돌잔치도 많이 데리고 다녔는데, 얘가 왜 이럴까요? 1학년 교과서 정도는 당연히 알고 있을 줄 알았는데…."

이런 일이 국어 시간에만 일어나지는 않습니다. 수학 시간에는 연산을 배우면서 더하기, 빼기와 함께 합과 차라는 어휘를 배웁니다. 아이에게는 한자어가 익숙하지 않으니 입에 붙지도 않습니다. 기지를 발휘하는 부모는 "더하기는 합친다는 뜻이야. 그래서 합이라고 하지."라고 합을 설명하기도 하지만 빼기와 차는 그렇게 설명할 수도 없습니다. 결국 "그냥 외워, 빼기는 차야, 차!"라고 하게 되지요. 당연하게도 아이는 '8-5'의 답은 알면서 '8과 5의 차'를 묻는 문제에서는 머뭇거리게 됩니다. 그리고 엄마를 부르죠. "엄마, 차가 뭐였지?"

이런 상황은 3학년이 되면서 더 빈번해집니다. 사회, 과학, 도덕, 음악, 미술 등 과목이 늘어나거든요. 수업 시간에 배우는 어휘도 급격하게 증가합니다. 고장, 지형, 교통수단, 홑잎, 겹잎, 지름, 반지름, 몫, 나머지, 진분수, 가분수, 대분수…. 새로운 용어는 수업 시간에 선생님이 설명해 주기도 하지만 이미 지난 학년에서 배웠거나 아이들이 충분히 알고 있으리라 생각하는 어휘는 지나갑니다. "선생님, 공통으로 들어간다는 말이 무슨 뜻이에요?", "인물의 마음을 짐작하라는데, 이 이야기에는 사람이 안 나오는데요?" 이렇게 질문이라도 하면 다행이지만, 모든 단어를 선생님이 설명해 줄 수는 없는 노릇입니다(이야기글에서 인물은 이야기에 나온 사람, 사물, 동물을 모두 포함하는 개념입니다).

교과서에서 주인공의 행동을 보고 어떤 마음인지 써 보라는데 단어가 떠오르지 않습니다. 무슨 느낌인지 대충 알겠는데 쓸 수가 없으니 답답합니다. 짝꿍은 벌써 다 쓰고 선생님을 쳐다보고 있는데 나는 허연 종이가 창피해 얼른 가립니다.

이렇게 어휘력이 부족한 아이는 수업 시간에 '턱턱' 걸려 넘어집니다. 빈약한 어휘력이 아이의 발목을 잡습니다. 어른들은 나중에서야 '이것도 몰랐냐', '모르는데 왜 안 물어봤냐'라며 뒷목을 잡고요.

일상생활에서도 어휘력의 영향력은 막강합니다. 재혁이의 친구들은 어느 순간부터 재혁이와 함께 놀기를 꺼립니다. 또래 아이들이 좋아하는 빙고 게임을 할 때면 재혁이가 아홉 개의 단어를 다 쓸 때까지 기다려야 하거든요. 교통수단처럼 아이들이 곧잘 생각해 내는 주제에도 늘 시간이 걸립니다. 옆 친구 것을 훔쳐보다가 원망을 듣기도 하고, 게임에서 지면 화를 내며 욕까지 합니다. 게임에 지면 누구나 기분이 좋지 않지만, 거친 말을 하는 재혁이를 아이들은 멀리하고 싶습니다.

재혁이도 마음이 편하지는 않습니다. 잘하고 싶은데 머릿속에 생각나는 단어가 몇 개 없거든요. 다급해진 마음에 실수도 합니다. 친구가 불러 준 단어 중에 미처 칠하지 못한 것이 게임이 끝날 때쯤 발견됩니다. 이것만 제때 칠했으면 3등이었네요. 뒤늦게 친구들한테 말해 보지만, 친구들은 나중에 말하는 건 소용없다고 이야기하죠. 실수인 것을 알면서도 속상한 마음에 재혁이는 나도 모르게 "아, 씨발."을 내뱉습니다.

어휘력이 부족한 아이는 스스로 답답함을 제일 많이 느낍니다. 내 마음을 제대로 전하지도 못하고 오해도 많이 사죠. 그 상황에 딱 맞는 단어를 떠올리기 어려워 지시대명사를 많이 쓰거나 말이 길어집니다. "아, 그게 뭐였더라?", "기로 시작한 말이었던 것 같은데…. 그거 있잖아요, 그거. 옛날 집인데 민속촌 가서 봤던 거."

그러니 부모나 다른 어른들로부터 '무슨 말인지 모르겠다'라거나 '왜 이렇게 이 말 했다, 저 말 했다 하는 거냐'라며 부정적인 피드백을 듣기 쉽습니다. 이런 경험의 누적은 아이가 입을 닫아 버리게도 합니다. 빈약한 어휘력은 아이의 마음을 빈곤하게 만듭니다.

왜 모르겠다는 말을 자주 하니?

느린 아이에게 질문을 하면 자주 하는 대답이 있습니다. "모르겠어요.", "생각이 안 나요." 누구나 갑자기 물어보면 생각할 시간이 필요하기도 하고, 바로 대답을 못 할 수도 있지요. 그런데 느린 아이는 질문을 하자마자 반사적으로 저렇게 대답합니다. 잠깐 생각할 시간을 갖는 듯한 최소한의 동작이나 노력이 거의 관찰되지 않습니다.

그러니 부모도 화가 나서 이렇게 다그치게 됩니다. "그러니까 생각을 좀 하고 대답하라고!", "모르겠다면 다야? 맨날 뭘 몰라!" 그러면 아이는 이렇게 대답하죠. "미안해요, 엄마(아빠)…." 주눅 든 아이의 모습을 보면서 또 다른 화가 밀려옵니다. 얘는 왜 미안하다는 말을 이리 자주 하는 건지, 공부가 뭐라고 나는 애를 이렇게 다그치는 건지, 순간적으로 '다 때려치울까' 하는 생각마저 듭니다. 그러다가도 최소한 수업이라도 따라가야지 싶어 다음날 또 아이를 붙잡고 가르칩니다. 하지만 어제와 비슷한 아이의 반응을 보며 힘이 빠집니다. 이 아이들은 왜 자주 모르쇠가 되고, 생각해서 대답하는 성의를 보이지 않는 걸까요?

느린 아이들은 다른 아이들보다 생각하기를 더 많이 힘들어하고 회피합니다. 읽기와 생각하기는 글이나 질문의 요지를 파악하는 이해력, 글의 내용이나 내가 알고 있는 것을 떠올리는 기억력이 필요합니다. 글을 읽고 질문을 받을 때 다른 것에 휘둘리지 않는 주의력과 참고 버티는 인내심도 요구되고요. 안타깝게도 느린 아이들은 이 요소들의 일부 혹은 대부분이 작게 타고 납니다. 그래서 글을 읽어도 잘 이해가 안 가고, 기억도 나질 않고, 대답을 제대로 못 합니다. 부모의 실망한 표정과 무서운 얼굴을 보니 무슨 대답이라도 해야 이 상황이 끝날 것 같습니다. 그래서 갑자기 떠오른 엉뚱한 것을 말해 버리기도 합니다. 사과하면 부모의 마음이 풀릴까 싶어 얼른 미안하다고도 하죠. 하지만 이 절박한 대응이 오히려 부모의 화를 부릅니다. 부모의 감정적 반응에 아이는 또 다시 당황하고 위축되지요.

얼마나 썼다고 힘들다 엄살이니?

학교에서 내 주는 쓰기 숙제를 하다 보면 실랑이가 시작됩니다. 안 쓴다, 못 쓴다로 버티기도 하고, 쓰다가 팔이 아프다는 둥, 머리가 아프다는 둥 아이들의 호소는 다양합니다. 부모가 보기에는 엄살입니다. 아예 쓰기를 시작도 안 했거나 달랑 한 줄 써 놓고 저러니까요. 글씨는 또 왜 이 모양이고, 맞춤법은 왜 이리 엉망인지요? 학교에서는 더 이상 받아쓰기를 하지 않는 학년이지만 집에서라도 다시 시작해야 하나 싶습니다.

이것만 문제가 아닙니다. 내용을 읽어 보면 한숨이 나오지요. "엄마(아빠)가 부엌을 방귀를 뀌었다."처럼 조사를 잘못 쓰거나, "나는 옷에 국물을 묻었다."와 같이 주어와 동사가 일치하지 않는 문장을 씁니다. 기특하게도 문장을 예전보다 여러 개 썼지만, 글이

뚝뚝 끊어집니다. '그리고', '그러나', '그래서', '왜냐하면' 같은 자연스러운 연결 어휘가 없다 보니 그렇습니다.

글쓰기는 정말 어려운 작업입니다. 글자의 모양, 띄어쓰기, 맞춤법, 문법과 같은 형식을 따라야 하니까요. 그리고 내용도 구성해야 하지요. 이 글을 쓰고 있는 저도 현장에서 강의만 하다가 글을 쓰려니 만만치 않았습니다. 글은 말과는 다른 종류의 인지 작업을 요구한다는 사실을 절실히 느꼈거든요. 강의할 때는 전달할 키워드를 머릿속에 정리해서, 강의 자료에 이미지와 키워드를 넣고, 입말로 자연스럽게 풀어 내면 되었습니다. 그런데 글은 달랐습니다. 구어와 문어의 차이가 있다 보니 강의에서 썼던 표현을 그대로 옮기면 비문이 되거나 어색했습니다. 종종 아이들 일기를 보면 너무 '날것'의 느낌이 날 때가 있는데, 아마 이런 이유 때문일 겁니다.

노래는 말하듯이 불러야 좋다고 하지만, 학교에서 요구하는 글쓰기는 다르지요. 키보드와 달리 직접 연필을 손에 쥐고 써야 한다는 점도 어떤 아이들에게는 힘듭니다. 소근육 발달이 더디거나 눈과 손의 협응이 좋지 않은 경우, 이런 물리적인 고충도 만만치 않습니다.

글쓰기는 어떤 내용을 쓸까, 어떻게 쓸까를 떠올리면서 동시에 글의 형식도 신경 써야 하는 일입니다. 느린 아이들에게 무언가를 동시에 하거나, 생각하는 일은 어려운 일이기에 글쓰기는 분명 더 괴롭고 고통스럽게 느껴지겠지요.

'느린 아이를 위한' 문해력은 새로운 정의가 필요합니다

읽고 쓰기는 분명 살아가는 데 중요하고 필요한 능력입니다. 그래서 아이와 함께 꾸준히 연습하면서 길러 주어야 하지요. 하지만 느린 아이에게 학습을 위한 문해력만을 지도하고 강조한다면 어떤 일이 벌어질까요?

먼저, 해야 할 것이 그득해서 부모의 마음이 너무 바빠집니다. 독서는 기본이고, 서점에 가서 각종 문제집을 사다 풀려야겠습니다. 우리 아이는 아직 혼자 글을 읽고 이해하기가 어려운데도 비문학 지문이 잔뜩 들어 있는 독해력 문제집을 풀도록 하는 오류를 범합니다. 과목별로 부모가 끼고 가르치면서 치료실도 가야 하니, 부모나 아이 모두 직장인과 다름없는 스케줄이 나옵니다. 게다가 눈과 귀가 자꾸 밖으로 돌아갑니다. 느린 아이 부모를 위한 맘카페를 보면 남들은 이런저런 것을 다 하고 있네요.

이 과정에서 느린 아이는 계속 실패감을 느낍니다. 책과 글을 만나는 순간은 지겹고 힘든 시간으로 기억됩니다. 아이의 수준에 적합한 과제는 두뇌에 긍정적 스트레스를 주어 성장에 도움이 됩니다. 하지만 아이와 분리된 목표와 과제는 부정적 스트레스와 역효과를 유발합니다. 이 부정적 스트레스는 부모도 피할 수 없습니다. 부모는 이해가 안 되는 아이의 모습과 부실한 문해력 결과물에 실망합니다. 실망을 넘어 머리라도 한 대 쥐어박은 날에는 어둠과 함께 후회가 밀려옵니다. 아이를 안 가르칠 수도 없고, 가르치려면 화를 내게 되니 이러지도 저러지도 못하겠습니다.

아이도 힘들고 부모도 후회하는 앞의 사례들을 반복하지 않기 위해서는 느린 아이와 문해력을 '제대로' 다시 보는 작업이 필요합니다. 학습만을 위한 문해력을 기준으로 아이를 바라보고 지도하게 되면 아이도, 부모도 지칩니다. 너무 비장해지거나, 진도나 속도에 연연해서 아이를 다그치게 되지요. 불안은 우리의 에너지를 빼앗아 갑니다. 부모가 불안하면 아이를 제대로 지도할 힘을 잃어버립니다. 불필요하고 비생산적인 불안과 걱정에 휩싸이지 말고, 우리 아이를 위해 문해력을 다시 살펴봅시다.

듣기는 어휘와 배경지식을 쌓는 도구입니다

부모들은 아이가 한글을 빨리 떼기를 원합니다. 그래야 '읽기 독립의 시대'가 우리 집에도 열릴 테니까요. 흐뭇한 상상이 이어집니다. 아이가 조용해서 뭘 하나 보니 '어머 깜짝이야, 혼자 책을 읽고 있네?' 하는 아름다운 장면, 성대모사 노동에서 해방되는 자유로운 순간을 기대하지요. 하지만 웬걸, 느린 아이는 책을 여전히 잘 못 읽습니다. 부모가 읽어 주어야 겨우 읽지요. 사실 느린 아이들뿐만 아니라 읽기 경험이 부족한 초등 1~2학년 아이들도 이렇습니다. 도대체 아이들은 왜 그러는 걸까요?

그 이유는 부모가 읽어 주어야 이해가 더 잘되고 재미있기 때문입니다. 처음 보는 단어와 문장을 읽는 것은 아이에게 생각보다 버거운 일입니다. 글자는 읽었지만 무슨 말인지 이해가 안 되거든요. 살아온 경험이 적으니 비유나 함축적 의미를 파악하기도 어렵습니다. 이 상황을 우리도 한번 체험해 볼까요?

> 영화 〈기생충〉은 상승과 하강으로 명징하게 직조해 낸 신랄하면서 처연한 계급 우화입니다.•

• 봉준호 감독의 영화 〈기생충〉에 대한 이동진 평론가의 한줄평

읽기는 했으나 도대체 무슨 말인지 모르겠습니다. 그런데 제가 이렇게 읽어 드리면 어떤가요?

이 영화는 한국의 계급 사회를 풍자한 이야기입니다. 상류층으로 올라가고 싶어하고 한때는 올라간 듯 하나 다시금 제자리로 추락하게 되는 인물들을 명확하고 촘촘하게 그려 냈습니다. 너무 예리하게 표현되어 있다 보니 영화를 보는 동안 마음이 쓰라리고 슬프기까지 합니다.

풀어서 읽어 드리니 이해가 잘 되지요? 명징, 직조, 신랄, 처연 등의 단어를 쉽게 풀이해 주고, 상승과 하강의 의미를 구체적으로 알려 드렸습니다. 아이와 책을 읽을 때에도 아이가 갸우뚱하는 부분에서는 아마 이런 방법으로 읽어 주실 겁니다. 아이는 이걸 듣게 되고요.

느린 아이는 듣기의 방식으로라도 어휘와 배경지식을 쌓아야 합니다. 오늘 부모와 책을 읽으며 들은 단어를 언젠가 다음번 혹은 그 다음번 책에서 만나게 됩니다. 그때는 혼자서 이해할 수 있게 되지요. 즉, 차곡차곡 쌓인 듣기는 결국 읽기의 자양분이 됩니다. 《하루 15분, 책읽어주기의 힘》의 저자인 짐 트렐리즈는 "듣기는 말하기, 읽기, 쓰기의 원천이다."라고 했습니다. 듣고 이해하는 능력과 혼자서 읽고 이해하는 능력이 같아지는 시기는 평균 만 12세라고 하면서요. 느린 아이들은 이 시기가 더 늦어질 확률이 높습니다. 어른이 꾸준히 읽어 주고 아이가 그걸 듣는 것은 여전히 너무나 중요합니다.

말하기는 생각과 느낌을 꺼내어 줍니다

말하기도 마찬가지입니다. 아이가 어느 정도 읽게 되면 부모들은 쓰기로 눈을 돌립니다. 학교에서도 쓰기 활동이 늘어나고요. 물론 읽기와 쓰기는 단계에 맞게, 적절한 방식으로 연결하면 서로를 견인하는 역할을 합니다. 그래서 한글을 배울 때 읽고 쓰기를 함께 하지요.

하지만 반드시 기억해야 할 것은 쓰기는 생각보다 어렵다는 사실입니다. 말은 입만 열면 되지만 쓰기는 소근육 발달, 눈과 손의 협응, 시지각 능력 등 많은 기본기가 뒷받침되어야 합니다. 받아쓰기를 할 때는 소리와 글자가 일치하지 않는 경우를 충분히 경험해야 합니다. 일기를 쓴다면 무엇에 대해 쓸지 글감도 찾아야 하고, 어떻게 쓸지 구조도 잡아야 합니다. 내 생각과 의견을 잘 정리해야 하고, 적합한 단어를 알고 있어야 합니다. 맞춤법도 맞게 써야 하고요.

또, 글은 생각과 느낌을 담아서 써야 하는데 이 부분은 아이들이 가장 어려워하는 부분입니다. 생각과 느낌이 머리와 마음속에는 있지만, 단단히 잠겨 있기 때문입니다. 광산에서 채굴하듯 꺼내는 과정이 필요하지요. 말하기는 이 작업을 도와줄 수 있습니다. 여러분도 최근에 재밌게 본 영화의 감상문을 쓰라고 하면 첫 문장을 어떻게 써야 할지 막막할 거예요. 하지만 저와 영화에 관한 이야기를 나눈 후 글을 쓴다면 물꼬가 트입니다. 말을 하다 보면 내 안에 얽혀 있던 생각이 정리되고, 글로 남길 것과 빼도 될 것이 나뉩니다. 말로 정리한 후 쓰기는 글쓰기가 익숙하지 않은 아이와 어른 모두에게 유용합니다.

그뿐만이 아닙니다. 학교 수업과 아이들의 관계에서도 듣기와 말하기 능력은 요긴합니다. 잘 들어야 선생님의 지시에 따라 사물함에서 필요한 준비물을 꺼내 올 수 있습니다. 교과 내용도 모두 선생님의 말로 전달되지요. 선생님과 반 아이들에게 내 생각을 말해야 하는 상황도 자주 일어납니다. 선생님과 다른 아이들의 말을 잘 알아듣지 못하고, 자신의 입장을 서투르게 표현하면 아이 본인이 가장 힘듭니다.

기억해 주세요. 느린 아이들과 듣기와 말하기를 계속 이어 가야 합니다. 이 두 가지 능력은 읽고 쓰기의 주춧돌이 됩니다. 부모가 보지도, 관여하지도 못하는 학교생활에서 아이의 자신감으로도 이어집니다.

읽고 쓰는 것은 뇌가 합니다

수호는 글자만 읽으면 머리가 지끈거리고 아프다고 투덜댑니다. 핸드폰은 한 시간이 넘도록 꼼짝 않고 하는데 독서는 5분을 넘기기 쉽지 않습니다. 핸드폰 게임을 할 때는 집중력이 나쁜 것 같지 않은데 글만 보면 머리가 아프다니 아무래도 핑계처럼 보입니다. 게임을 할 때와 책을 읽을 때의 수호는 왜 이렇게 다를까요?

그 이유는 읽기의 특징과 관련 있습니다. 읽기는 언뜻 보기에 눈으로 하는 것처럼 보이지만 뇌의 활동입니다. 더군다나 매우 복잡한 처리 과정을 거쳐야 합니다. 수호를 이해하기 위해 뇌의 어떤 부분이 읽기와 관련되어 있는지 살펴보겠습니다. 인간만이 가지고 있는 대뇌는 아래 그림처럼 크게 네 부분으로 나뉘어 있습니다.

• 전두엽

우리가 어떤 것에 주의를 기울이고, 그 주의를 계속 이어가는 것, 과거의 일을 반성하고 현명하게 결정하는 것, 문제 해결, 정서 조절이 가능한 것은 모두 전두엽의 덕택입니다. 전두엽은 뇌의 다른 부분보다 천천히 발달해서 가장 늦게 완성됩니다. 학자들에 따라 다소 의견의 차이는 있지만 평균 27세, 여성의 경우는 24세, 남성은 32세에 완성된다고 해요.

• 두정엽

통증이나 온도 등 몸의 감각을 처리하고 공간을 이해하도록 하며 수학적 추상 능력을 담당합니다. 우리는 두정엽의 도움으로 넘어지지 않고 걸을 수 있고, 왼쪽과 오른쪽을 구별합니다. 수의 크기를 비교할 수 있고 도형 문제를 푸는 것도 가능하죠.

어떤 물건이나 위치에 집중할 때 두정엽의 활동은 급격하게 증가합니다. 특히 긴 글을 읽거나 공책에 글씨를 쓸 때와 같이 정밀하고 세밀한 것에 집중해야 할 때 중요한 역할을 하지요.

• 측두엽

뇌 양쪽에 있으며, 귀를 통해 들어온 청각 정보를 처리합니다. 특히 베르니케 영역Wernicke's area에서는 언어를 이해하고 해석합니다.

• 후두엽

뇌의 뒷부분에 해당하며 눈으로 들어온 시각 정보를 처리합니다.

자, 그럼 수호가 책을 읽는 과정을, 아니 뇌가 처리하는 과정을 살펴봅시다. 일단 글자를 집중해서 읽어야 하니 전두엽이 모든 주의를 기울이라고 명령을 내립니다. 글자는 시각 정보이니 후두엽이 실력을 발휘할 차례입니다. 내가 읽은 글자가 어떤 뜻인지 알기 위해서는 뇌에다 그 소리를 들려줘야 합니다. 그러지 않으면 뇌는 글자를 언어로 받아들이지 못하거든요. 그저 직선이나 곡선으로 된 기호로 인식하지요. 소리 내어 읽든 묵독으로 읽든 내 머릿속에서 그 단어의 소리가 들리면 이번엔 측두엽이 나섭니다. 읽은 단어가 무슨 뜻인지 알아야 하니 베르니케 영역이 나서야겠네요. "배가 필요해요."라는 문장을 읽고 있다면 베르니케는 '배'의 세 가지 의미를 제시합니다. 먹는 배, 타는 배, 신체 기관인 배. 올바른 선택을 하기 위해서 뒤에 오는 문장을 계속 읽어 보는 전략이 필요합니다. "오늘 밤, 이 섬을 탈출하기 위해 배가 필요합니다."

이제 전두엽은 정확한 판단을 내립니다. '섬을 탈출한다잖니. 그러니 먹는 배는 땡! 타는 배를 선택해야지.' 하지만 읽기는 여기에서 끝나지 않습니다. 배도 여러 종류가 있지요. 내가 타 봤거나, 책에서 본 다양한 배의 이미지가 떠오릅니다. 큰 여객선, 요트, 통통배…. 그리고 이내 '섬을 탈출하려면 주인공에게는 아마도 작은 배나 뗏목이 필요하겠구나!'라는 판단이 내려집니다. 그러면서 내가 어디선가 봤던 뗏목의 이미지가 머릿속에 그려집니다.

'우리가 이렇게 복잡한 프로세스로 읽고 있나?'라는 의문이 들 수도 있겠습니다. 부모의 뇌는 오랫동안 읽기를 경험해서 이 과정을 순식간에 해내니까요. 하지만 아이들은 읽는 뇌를 가동한 지 얼마 안 되었습니다. 내 아이는 그 과정마저 익숙하지 않은 느린 아이이지요. 그러니 머리가 아프다는 게 핑계만은 아닐 겁니다.

앞선 수호의 예시처럼, 게임을 할 때와 책을 읽을 때 우리 뇌는 다르게 반응합니다. 게임을 할 때는 빠르게 돌아가는 영상과 소리를 처리하기 위해 주로 후두엽과 측두엽을 쓰지요. 이때 전두엽은 거의 기능하지 않습니다. 하지만 책을 읽을 때는 단 몇 줄을 읽는 데에도 뇌의 각 부분과 전두엽이 빠르게 움직여야 합니다. 책을 읽을 때와 게임을 할 때, 뇌가 사용하는 에너지의 차이는 이토록 엄청나지요.

글을 쓸 때도 뇌는 쉬지 않습니다. 한 글자를 쓰더라도 전후좌우를 잘 구별해서 쓰지 않으면 전혀 다른 글자를 쓰게 됩니다. 줄도 잘 맞춰서 써야 합니다. 두정엽이 방향지시등을 켜야 하네요. 글을 구성할 때에도 앞에 넣을 것과 뒤에 넣을 부분을 잘 배치해야 합니다. 짜임새 있고 논리적인 구성을 위해서는 계획을 잘 세우는 전두엽의 도움이 필요합니다. 글을 다 쓴 후 틀린 글자는 없는지, 내용은 자연스러운지 다시 읽어 보는 과정도 중요합니다. 글을 읽어야 하니 뇌는 또 바빠지겠네요. 이 과정이 익숙하지 않은 아이들은 머리가 아플 수밖에 없습니다.

기억해 주세요. 읽기와 쓰기는 뇌가 하는 일이며, 느린 아이들은 그래서 어렵습니다. 그렇다고 읽고 쓰기를 포기하지는 마세요. 반가운 사실은 적절한 목표와 방법으로 읽고 쓰기를 계속 하면 뇌를 발달시킬 수 있다는 점입니다. 완성된 뇌를 가진 어른이 아이를 채근하지만 않으면 됩니다.

문해력의 범위는 생각보다 넓습니다

저는 강의 때마다 부모님들께 다음 질문을 꼭 합니다.

"문해력과 독해력은 어떻게 다른가요?"

많은 부모님들은 이렇게 대답합니다. "문해력은 글을 이해하는 능력이고, 독해력은…. 그것도 읽고 이해하는 능력인데, 뭔가 콕 짚어 말하기 애매하지만 문해력이 더 큰 범위인 것 같아요."

문해력文解力을 한자 그대로 풀이하다 보니 이런 혼란이 일어나게 됩니다. 문해력은 영단어 '리터러시literacy'를 번역한 말로 '읽고 쓰는 능력'을 뜻합니다. 읽기는 글자를 읽는 것을 넘어서 글에 담긴 의미를 읽는 독해가 최종 목표이지요. 문해력은 독해력을 포함하는 더 큰 개념이며 다음과 같이 정리할 수 있습니다.

문해력 = 리터러시 = 읽고 이해하기 + 쓰기

여러분은 '읽다'라는 단어를 들으면 무엇이 생각나나요? 우선 글자, 책 등 텍스트로 된 자료를 읽는 장면들이 떠오를 것입니다. 하지만 우리 아이들은 생각보다 다양한 읽기를 한답니다. 2015개정 초등 1학년 2학기 국어 교과서 〈문장으로 표현해요〉 단원에는 그림을 보고 문장으로 말하는 활동이 있습니다.

이 단원의 목표는 한 장면을 여러 개의 문장으로 표현하기입니다. 예를 들어 오른쪽 가족들 장면을 보고 "동생이 김밥을 먹습니다."라고만 하기보다 "동생이 김밥을 먹습니다. 모두 즐겁게 웃고 있습니다."처럼 해 보라는 겁니다. 여러 문장을 사용하면 장면을 자

2015개정 초등 1-2 국어 교과서 3단원 〈문장으로 표현해요〉

세하게 나타낼 수 있기에 이런 연습을 합니다.

그림을 자세히 읽을 수 있어야 문장으로 말하거나 쓰기가 가능하겠지요? 이런 능력을 시각 문해력visual literacy이라고 합니다. 다양한 시각 자료를 보고 의미를 파악하고 이해하는 능력입니다. 저도 아이들과 수업할 때 이런저런 그림 자료를 보여 주고, 문장 만들기를 합니다. 어떤 아이는 한두 개 말하고 더는 말할 게 없다고 하는 반면에, 다른 아이는 기가 막힌 문장을 제법 여러 개 만들어 내지요.

시각 문해력은 그림에만 해당되는 것이 아닙니다. 다른 사람의 표정을 보고 마음을 읽어 내는 것도 시각 문해력과 관련 있습니다. 글은 잘 읽는데, 상황이나 사람의 마음을 읽어 내기 힘들어하는 사람들이 있습니다. 다른 사람과 교류하며 살아가는 환경에서는 이러한 시각 문해력도 꼭 필요한 능력입니다.

언제부터인가 아이들뿐만 아니라 많은 사람이 유튜브나 인터넷을 통해서 정보를 찾아봅니다. 디지털 자료라고 하는데요. 꽤 까다롭게 읽어야 할 대상입니다. 이 자료는 쉽게 접근하고 신속하게 찾을 수 있다는 장점이 있지요. 하지만 누구나 만들 수 있다는 특성상 정확도나 신뢰도가 떨어지는 경우가 종종 있습니다. 유튜브의 가짜 뉴스, 나무위키에 적혀 있는 출처가 없는 정보처럼 말입니다. 그래서 내가 읽고 있는 디지털 자료가 사실인지, 개인의 의견인지, 광고는 아닌지 등을 잘 살펴봐야 합니다. 이런 검증은 일반 책을 읽을 때도 필요하지만 디지털 자료를 접할 때는 한층 더 섬세하게 요구됩니다.

디지털 세대인 아이들은 디지털화된 자료를 많이 접하게 됩니다. 이 과정에서 판단력을 가지고 읽을 수 있도록 가르쳐 주어야 합니다. 2024년부터 바뀐 초등 교육 과정에도 이 내용이 반영되어 있습니다. 미디어 환경 변화에 대응하여 디지털 문해력 교육을 강화하고 있지요. 매체의 홍수 속에서 아이들이 미디어를 제대로 활용하고 비판적 사고 능력을 키울 수 있도록 디지털 기초 능력에 관한 수업을 확대했습니다.

쓰기의 영역도 넓어졌습니다. 처음 글을 배워 낱글자를 끄적거리다 단어, 문장을 쓸 수 있게 되고 일기, 독후감, 설명문 등 다양한 종류의 글을 쓰는 것은 전통적인 쓰기입니다. 어른들이 아이들의 쓰기를 관찰하고 어느 정도는 가르쳐 줄 수 있는 영역이었지요. 하지만 요즘 아이들은 인터넷 세상에서 더 많은 쓰기를 합니다. 다른 사람의 글에 댓글 달기, SNS에 글 쓰기, 문자나 카카오톡 주고받기 등 말입니다. 이런 종류의 쓰기에서도 원칙과 유의사항을 배워야 합니다. 한번 쓴 글은 나의 의도와 관련 없이 해석되기도 하고, 심지어는 영원히 삭제되지 않아 곤란한 상황이 벌어지기 때문입니다.

기억해 주세요. 아이들이 익혀야 할 문해력의 영역은 우리의 예상보다 넓습니다. 그리고 시대의 변화와 함께 더욱 확대되고 까다로워졌습니다. 이에 대한 어른의 관심과 지도가 절실히 필요합니다.

느린 아이 부모를 위한 문해력 지도 6계명

앞서 이야기했듯, 느린 학습자의 부모는 외부 환경과 혼란스러운 분위기에 휩쓸리지 말고 우리 아이의, 우리 아이를 위한 문해력을 챙겨야 합니다. 물론 아이가 보이는 모습과 주변의 소리에 부모 마음이 다시 요동칠 수 있습니다. 그럴 때 불안과 조급함의 풍랑에서 우리를 꼭 붙들어 줄 문해력 지도 6계명을 알려드립니다.

1. 즐거운 읽고 쓰기를 경험하기

학교에 다니는 동안은 읽고 쓰기가 공부와 딱 달라붙어 있습니다. 받아쓰기를 해야 하고, 교과서를 읽어야 하고, 단원평가를 본다면 문제도 잘 읽어야 합니다. 수학의 경우, 긴 문장으로 된 문장형, 서술형 문제들이 수업 시간이나 단원평가에 나옵니다. 국어의 경우 학년이 올라갈수록 쓰기 활동이 늘어납니다. 설명문이나 주장하는 글을 읽고 중심문장을 찾아 쓰거나, 이야기글을 읽고 '나라면 어떻게 했을까'를 정리해 써야 합니다. 이렇다 보니 느린 아이들은 이 과정에서 재미나 효능감을 느끼기 어렵습니다.

학습으로서의 읽기와 쓰기는 중요합니다. 하지만 즐거움과 재미로서의 읽기와 쓰기도 자주 경험할 수 있게 해 주세요. 또래가 읽는 책을 꼭 읽어야 하는 것은 아닙니다. 교과 연계 도서로만 읽기 시간을 채우지 말아 주세요. 아이가 관심 있어 하는 내용, 쉽게 읽을 수 있는 수준의 글을 읽으며 '나도 글을 읽을 수 있어, 이해돼, 재미있어'라는 마음이 차곡차곡 쌓이면 좋겠습니다.

몇 년 전부터 그림책 열풍이지요. 어른들도 그림책을 읽으며 마음이 치유되고 읽는 즐거움을 되찾았다는 분이 꽤 많습니다. 아이가 유치하다고 거부하지만 않는다면 그림책은 즐거움을 주는 읽기 분야의 대표 선수랍니다. 그림책 말고도 요즘은 느린 학습자를 위한 쉬운 글 도서들이 꽤 나오고 있습니다. 눈에 잘 들어오는 글자 크기와 폰트, 복잡하지 않은 명료한 문장, 적절한 이미지를 넣은 세심한 배려가 담긴 책들이 나와 있지요.

쓰기도 가급적 재미나 의미와의 연결점을 찾아 주세요. 그리고 쉽고 구체적인 방법을 알려 줘서 아이가 '나도 쓸 수 있네!'라는 자신감을 맛보면 좋겠습니다. 이와 관련된 활동은 2부에 몇 가지 소개해 두었습니다.

학습과의 연결 고리를 내려놓으면, 책을 읽고 뭔가를 끄적거리는 것이 즐겁고 할 만한 일이 된답니다. 학교 졸업 후 성인이 된 느린 학습자 중에 취미도 없고 대인 관계도 끊어져 집에서 무기력하게 지내는 경우를 종종 봅니다. 그래서 기껏 쌓아 놓은 언어, 인지, 기타 기능들이 퇴행하기도 합니다. 즐거움으로서의 읽기와 쓰기를 꾸준히 경험한 친구들은 여가를 보낼 선택지가 하나 더 생기게 됩니다. 그리고 세상과 단절되지 않습니다.

2. 바로 써먹을 수 있는 문해력을 길러 주기

제가 이 책을 쓰게 된 더 궁극적인 이유가 있습니다. 느린 아이에게 필요한 또 다른 문해력을 제안하기 위해서였지요. 일상생활과 관련된 문해력입니다. 혹시 아이와 영화나 공연을 보러 종종 가시나요? 그럴 때 아이는 티켓을 보고 자기 자리를 혼자서 찾을 수 있나요?

한글을 아는 아이라면 작은 티켓 안에 못 읽는 글자는 없겠지요. 하지만 글자를 읽어도 자기 자리를 찾아갈 수 없다면 읽는 행위는 사실상 무의미합니다. 저는 이때 필요한 문해력을 생활문해력이라고 표현합니다. 일상생활을 잘 해 나가기 위한 읽기 능력이지요. 생활문해력은 읽고 이해하기를 넘어선, 읽고 행동하기입니다. 우리 주변에는 도처에 글자가 존재합니다. 아이가 읽고 행동으로 연습할 것이 꽤 있습니다만, 부모도 아이도 그냥 스쳐 지나갑니다. 아이가 받아 온 체험학습 참가 신청서, 사발면 용기에 적혀 있는 조리법, 공연 포스터, 여행지에서 받은 안내서, 건물 층별 안내판, 지하철 노선도 등은 우리 삶에 필요한 정보를 제공합니다. 이것들을 제대로 읽을 줄 알아야 일상의 문제들을 적절히 해결할 수 있지요. 생활문해력은 이렇듯 일상의 소소한 문제를 해결하는 데 도움이 되는, '생활 문제 해결력'의 준말입니다.

안 시켜 봤으니 못하는 것 아니냐는 생각이 들 수도 있겠네요. 네, 연습하면 됩니다. 문제는 연습할 기회를 안 주시더라고요. 우리는 이럴 때 너무 친절합니다. 그러다 보니 부모만 바쁩니다. 극장이 몇 층인지 찾고, 6번 상영관이 어느 쪽인가 두리번거리고, 좌석 배치도 앞에서 눈동자를 바쁘게 굴리는 것은 오롯이 부모 몫입니다. 아이는 영혼 없이 따라와서 부모가 앉으라는 자리에 앉기만 하면 됩니다. '언젠가는 알아서 하지 않을까?' 하겠지만 그 알아서 하는 아이가 우리 아이가 아닐 수도 있습니다.

중학생이 되면 외부 활동을 할 때 정해진 장소로 각자 이동해야 하는 경우가 꽤 있답니다. 이럴 때 생활문해력이 부실한 아이들은 부모가 데려다줘야 합니다. 데려다주는 게 문제가 되진 않지만,

아이의 자존감이 떨어질 수가 있지요. 다른 아이들은 혼자, 혹은 친구들이랑 모여 오는데 나는 여전히 어린아이처럼 보호자가 따라오니까요. 학교생활에서도 학습 자체보다 이러한 자조 능력이 부족해서 문제가 일어나는 경우가 더 많습니다.

생활문해력이 뭐가 그리 중요할까 싶을 수도 있겠습니다. 다시 한번 강조하지만 일상을 살아가기 위해 꼭 필요한 기술입니다. 그러나 이 문해력은 학교에서 배우기가 쉽지 않지요. 학교 교육과정에 거의 들어가 있지 않기 때문입니다. 가정에서 틈틈이 경험하고 연습해야 합니다.

생활과 관련된 쓰기도 짬짬이 해 볼 수 있습니다. 예를 들어 마트에 장 볼 리스트를 적어 간다면 물건을 깜빡하고 안 사 오는 실수를 줄일 수 있습니다. 아이가 적게 해도 좋고, 아직 글씨 쓰는 게 서투르다면 부모가 적어 준 것을 보고 쓰거나 따라 쓰게 해도 됩니다. 그 목록을 아이가 쥐고 함께 쇼핑을 하며 "이렇게 적어 가지고 나오니 물건을 빠짐없이 잘 살 수 있네."라고 말해 주는 거죠. 생활 속 글과 쓰기의 필요성을 몸으로 체험해 볼 수 있습니다.

문해력은 앉아서만 키우는 능력이 아닙니다. 생활 속 문해력은 몸으로 경험되고 이를 통해 문제 해결력을 키워 줍니다. 더 큰 가치는 문제를 해결하며 자신감과 유능감을 맛볼 수 있다는 겁니다.

3. 읽고 쓰기로 서로 소통하는 경험하기

안타깝게도, 느린 아이는 일상생활에서 다채롭고 충분한 의사소통을 경험하기 어렵습니다. 쉬는 시간에 화장실을 같이 가며 이야기할 친구, 방과 후 서로의 집에 놀러 가 그 나이대에 나눌 법한 스몰토크나 취미를 함께 누릴 인간관계를 만들기가 쉽지 않기 때문입니다.

집에서는 어떨까요? 나이가 어릴 때는 엄마나 아빠가 이런저런 방법을 써 가며 대화를 시도합니다. 학교생활에 관해 물어보기도 하고, 다양한 곳을 체험하며 아이와 이야기할 거리를 찾아보려고 하지요. 하지만 학년이 올라갈수록 이런 것들이 점점 줄어듭니다. 늘 그날이 그날이고, 외딴 섬처럼 학교에 머물렀다 혹은 버티다 오는 날이 많지요. 부모도 나이가 들다 보니 기운이 예전 같지 않습니다. 어디를 나가기도 체력이 받쳐 주지 않고, 아이는 몸집이 커져 같이 다니기 부담스럽기도 합니다. 그 또래 아이들이 어울려 가는 곳은 이 아이에게 어려운 수준인 데다 아이가 관심 있는 곳은 더 어린아이들이 좋아하는 장소라 왠지 꺼려집니다.

느린 아이는 원래도 언어능력이 부족한데 학교와 가정에서도 의사소통의 기회가 빈약해지면 언어능력을 발달시키기가 어려워지겠지요. 또래와의 언어 차이는 더 벌어지다 보니 남들이 하는 말을 잘 못 알아듣거나, 내 마음과 기분을 어떻게 표현해야 할지 몰라 난감해합니다. 자기 입장을 변호하거나 주장하는 것이 어렵습니다. 그래서 억울함과 외로움, 답답함은 커져만 가죠.

저는 아이의 마음을 다독이고 다시 대화를 나눌 매개물로 책을 추천합니다. 좀 더 정확히 말하면 같은 책을 읽고 이야기를 나누는 '책대화'를 권합니다. 책대화는 책을 함께 읽고 서로의 마음과 느낌, 생각을 자유롭게 나누는 활동입니다. 책대화를 가장한 '책취조'가 되어서는 안 됩니다. 내용 확인을 위해 부모는 묻고, 아이만 대답하게 하지 마세요. 부모의 마음도 들려주고, 아이도 물어볼 수 있게 합니다. 정답을 기다리기보다는 어떤 대답도 편안하게 받아들여 주세요.

저희 아이와 이런 책대화를 처음 시도한 날, 지금도 잊히지 않는 보석 같은 기억이 있습니다. 앞에서 말한 쉬운 글 도서 중 《장발장》의 한 꼭지를 함께 읽은 날이었어요. 이 책에는 아이와 자연스럽게 나눌 수 있는 편안한 질문거리가 샘플로 들어 있어서 책대화에 익숙하지 않았던 저도 활용을 했지요. 장발장은 출소 후 잘 곳을 찾아 전전하였으나 마을 사람들은 모두 거부합니다. 마지막으로 찾아간 성당에서 신부님은 장발장을 기꺼이 받아들입니다. 책에는 신부님의 대사는 나와 있지 않고 '성당에서 자는 것을 허락했다'라고만 쓰여 있었습니다. 샘플 질문은 '신부님은 장발장에게 뭐라고 했을까요?'로 나와 있어서 저도 그렇게 물어봤습니다. 아이는 "오케이!"라고 호탕하게 대답하더라고요. 순간 저는 웃음이 터져 나왔습니다. 제가 머릿속에 정답을 정해 놨다면 웃음은커녕 핀잔이 툭 튀어 나왔겠지요. 그런데 그냥 아이와 이야기를 나누고 싶다는 마음으로 책대화를 하다 보니 다르게 반응하는 제 자신을 발견했습니다. "아, 정말 유머러스한 대답인데? 이렇게 재밌는 대답이 나올 줄은 몰랐네~ 엄마도 오케이!" 저의 반응에 아이도 신이 나서 "엄마는 뭐라고 했을 것 같아요?" 하고 되묻더군요. 그래서 저는 신부님 성대모사를 하며 거룩하게 대답해 주었습니다. 대화를 마치고 보니, 저희 아이의 대답처럼 재밌고 호탕한 신부님을 만났어야 장발장이 더 편안하게 성당에 들어갔겠다 싶더군요.

이날을 시작으로 저와 아이는 소통을 위한 읽기에 즐거움까지 덤으로 얻는 책대화를 이어가게 되었습니다. 부디 이 책을 읽는 부모님들도 아이와 이런 순간을 맛보시길 바랍니다.

4. 다양한 가랑비 전략의 읽기와 쓰기를 하기

느린 아이들은 무언가를 배우고 익숙해지는 데 상당히 오랜 시간이 걸립니다. 이해력, 주의력, 집중력이 좋은 편이 아니기에 한 번에 받아들일 수 있는 양이 적고, 또래 아이들이 앉아 있는 시간만큼 버티기도 힘들지요(앉아만 있을 뿐 정신은 이미 딴 데 가 있을 확률이 높습니다). 읽고 쓰기 또한 익숙해지기 위해서는 남들보다 많은 시간과 노력을 들여야 합니다. 이 과정이 아이뿐만 아니라 부모에게도 힘들고 지겹게 느껴집니다.

하지만 절대 먼저 포기하지 마세요. 앞에서 읽고 씀으로써 뇌를 발달시킬 수 있다고 했지요? 우리의 뇌는 유동적이라 어떻게, 어떤 방향으로 자주 사용하느냐에 따라 달라질 수 있습니다. 이것을 뇌의 신경가소성이라고 하는데요. 뇌 속 신경세포들을 연결해 주는 시냅스가 변하면서 일어나는 놀랍고도 반가운 현상입니다. 시냅스는 두껍고 많을수록 더 빠르고 효율적으로 정보를 전달하고 처리합니다. 좁은 골목길보다 8차선 고속도로를 달릴 때 훨씬 빨리 갈 수 있는 것과 같은 원리이지요.

그럼 시냅스는 어떻게 해야 두꺼워지고 많아질까요? 그 기능과 관련된 경험을 자주 하면 됩니다. 반대로 경험이 적거나 없으면 뇌는 해당 시냅스가 불필요하다고 판단하고 제거합니다. 혹은 가느다란 상태로 남아 있어서, 어느 날 그 시냅스를 사용해야 할 때 버벅거리는 증상을 보이겠지요. 어렸을 때는 책을 자주 읽었지만 어느 순간부터 유튜브나 쇼츠, 틱톡과 같은 짧고 강렬한 컨텐츠만 보다 보니 읽기를 힘들어하는 청소년과 어른들이 꽤 있습니다. 읽기와 관련된 시냅스가 약해져서 그렇습니다.

느린 아이와의 읽고 쓰기를 내던져 버리고 싶을 때마다 뇌의 신경가소성을 떠올립시다. 그리고 조금씩이라도 매일 읽고 쓰는 활동을 해 봅니다. 소위 '가랑비에 옷 적시기' 전략입니다. 느린 아이에게 소나기는 부담스럽고 효과도 별로 없습니다. 오늘 한 시간 넘게 읽고 쓰느라 서로 지쳐서 그 후 2~3일은 제쳐 두는 것보다 매일 15분씩 가볍게 하는 편이 낫습니다. 고작 매일 15분으로 뭐가 쌓이겠냐고요? 가랑비에도 분명히 옷은 젖습니다. 책뿐만 아니라 생활의 다양한 읽을거리와 쓸거리를 접하면 됩니다. 문제집만 풀고 받아쓰기만 할 것이 아니라 놀이와 생활의 옷을 입은 읽고 쓰기를 하면 됩니다. 이 책에 나온 방법으로 매일, 조금씩, 읽고 쓰기의 가랑비를 내려 보세요.

5. 부드럽고 온화한 태도로 대하기

누구나 그렇지만 느린 아이들은 잘못이나 실수를 말해 주면 유난히 당황하고 위축되는 모습을 보입니다. 부모도 사람인지라 설명을 여러 번 하거나, 애가 아는 것 같은데도 틀리면 평정심을 잃게 되지요. 한 번만 더 차분히 생각하면 기억이 나거나 맞는 대답을 할 수 있을 것 같아서 "잘 생각해 봐…"라고 이를 악물고 말합니다. 그런데 웬걸요. 더 엉뚱한 대답을 하네요. 누르고 있던 화가 올라옵니다. 부모의 표정을 읽고 미안하다고 하는 아이도 있지만, 이 대답도 부모에게는 마뜩잖지요. 미안할 일은 아닌데 내가 애를 너무 다그치나 싶기도 하고, 미안하다는 말보다는 정확한 대답을 듣고 싶다는 솔직, 복잡한 마음이 듭니다.

한편 평소에는 온순한데 이런 상황에서 갑자기 폭발하는 아이도 있습니다. 쥐고 있던 연필을 부러뜨리거나 "안 할 거야!"라고 소리를 친다거나 하면서 말입니다. 물론 부모가 그러기도 하지요. 학습지를 찢거나 "너랑 공부 안 하련다. 널 가르치는 것보다 초코(반려견 이름)를 가르치는 게 빠르겠다!"라는 말도 튀어나오죠.

공부와 관련된 우리 뇌의 부위는 두 군데가 있습니다. 뇌의 중간부위인 변연계라는 곳에 있는 해마는 학습과 장기 기억을 담당합니다. 뇌의 가장 바깥 부분인 전두엽은 이성적인 판단, 점검, 감정 조절 등을 담당하고요. 그런데 누구든 감정적으로 자극되면 이 두 부위가 잘 작동하지 않습니다. 해마 옆에 있는 편도체가 훼방을 놓거든요. 편도체는 위험하다는 느낌을 받으면 도망가거나 싸우라는 신호를 보냅니다. 부모의 냉정하거나 짜증 섞인 말투, 이를 악물고 화를 참고 있으나 이미 화가 난 것을 모를 수 없는 표정들이 아이 뇌의 편도체에게 경보를 울립니다. '도망가! 아니면 맞서 싸워!'라고요. 몸이 도망갈 수 없으니 정신이 도망갑니다. 그러니 엉뚱한 소리를 하지요. 싸움을 선택하면 평소 아이가 보이지 않던 거친 행동이 나옵니다. 이렇게 편도체가 자극되면 해마와 전두엽이 제대로 기능을 하지 못합니다. 편도체가 스트레스 호르몬을 마구 뿜어 대고, 해마와 전두엽의 기능을 마비시키기 때문입니다. 이런 상태를 '편도체에게 납치되었다'라고 표현하기도 해요.

느린 아이가 편도체에 납치되지 않기 위해서는 어른의 부드럽고 온화한 태도가 필요합니다. 부모도 사람인데, 지치고 피곤한 날에는 반복되는 가르침에 짜증이 날 수도 있습니다. 하지만 짜증은 화로 변신하기 쉬우니 그럴 땐 가르치기를 멈추는 게 낫습니다. 부모도 편도체에 납치될 수 있거든요. 못 알아듣는 아이의 반응과 공격적인 태도에 편도체가 위험신호를 느끼면 부모의 전두엽도 마비가 된답니다. 그래서 평상시에는 전두엽의 통제로 하지 않을 막말과 행동을 하게 되죠. 시간이 조금 지나 편도체의 납치에서 풀려 전두엽이 제 기능을 하면 후회가 밀려오고요.

아이를 지도하다가 스멀스멀 뭔가가 올라온다면 아이와 거리두기를 하세요. 잠깐 물을 마시러 가든가, 화장실에 다녀오는 것도 좋겠습니다. 최소한 공격적이지만 않아도 됩니다. "정신 차려!"라든가 "똑바로 안 해?"라는 호된 목소리로는 아이를 변화시킬 수 없습니다. 어쩌면 이때 정신을 꽉 붙들어야 할 사람은 부모인지도 몰라요. 자칫하다간 후회할 말과 행동을 아이에게 쏟아부을 수 있으니까요.

물론 늘 '우쭈쭈' 하며 다 받아 주라는 건 아닙니다. 생각하기를 힘들어하면 힌트를 주거나, 부모가 말해 주고 아이는 다시 한번 들으면 됩니다. "틀렸어!"보다는 "아깝다, 함정에 빠졌네!", "이것만 다시 생각해 보자."와 같은 말로 바꿔 보세요. 틀린 문제도 냉정한 빗금보단 별표나 물음표처럼 조금 더 따뜻한 표시가 효과적입니다. 우리의 목적은 아이가 해마와 전두엽을 더 잘 쓰게 하는 것임을 기억하세요.

나그네의 옷을 벗긴 것은 거친 비바람이 아닌 따뜻한 햇살이었습니다. 느린 아이들한테는 채찍보다 당근이 더 잘 먹힙니다. '당근과 햇살' 전략을 기억해 주세요.

6. 무엇이든 기록하고 그 힘을 느껴 보기

느린 아이를 가르치다 보면 포기하고 싶은 마음이 자주 듭니다. 나아지는 점이 잘 안 보이기 때문입니다. 가르치는 사람은 '내가 뭔가를 잘못하고 있나?' 싶어 자기를 의심하거나 '얘는 안 되나 보다' 하면서 아이에게 실망도 합니다. 하지만 단언컨대, 느린 아이도 교육적 자극과 적절한 목표, 알맞은 방법이 주어진다면 분명히 발전합니다. 충분한 노력과 환경 아래에 있다면, 당신의 아이는 지금도 성장하고 있습니다.

하지만 지금 당장은 그 결과가 눈에 잘 보이지 않는다는 것이 문제이지요. 그러니 기록을 하고, 일정 기간이 지나서 그 흔적을 확인해 보세요. '적자생존' 전략인데요. 뭔가를 쓰면 눈에 보이는 결과물이 힘을 줍니다. 아이를 가르치면서 했던 활동과 아이의 반응을 다이어리나 블로그 등에 간단하게 남겨 보세요. 매일 뭐 했나 싶고, 진전이 없는 것처럼 보이지만 이렇게 써 두면 나중에 아이와 부모의 노력이 확연하게 보입니다. 쓰는 게 번거롭다면 아이가 쓴 일기나 독서기록장, 부모와 함께 공부한 공책을 일정 기간 보관합니다. 3개월, 6개월 혹은 1년마다 한 번씩 보세요. 분명히 나아진 점이 발견될 겁니다. 문장이 조금 길어졌거나, 맞춤법이 좋아졌거나, 안 쓰던 표현을 쓴다거나 하는 식으로 말입니다. 그걸 보면 아이와 오늘 할 일을 같이 해낼 기운이 생길 겁니다. 글씨체는 예전보다 나빠졌을 수도 있어요. 학년이 올라가면서 글씨체가 예전만큼 정성스럽지 않은 것은 다른 아이들도 마찬가지이거든요. 사자, 고기 같은 단어만 썼을 때는 한 글자 한 글자 꾹꾹 눌러쓸 수 있습니다. 하지만 몇 개의 문장을 쓰다 보면 힘도 들고, 빨리 쓰고 해야 할 또 다른 일이 있으니 저절로 그렇게 되더라고요.

아이도 스스로 나아진 점을 발견하기 어려운 건 마찬가지입니다. 학교에서 다른 아이보다 느리고 뒤처져 있는 자신을 늘 만나게 되니까요. 그래서 느린 아이들은 자기 자신에 대해 긍정적이지 않습니다. "못하겠어요.", "모르겠어요.", "하고 싶지 않아요."라는 말에는 이런 마음이 담겨 있기도 합니다. 늘 실패한 나, 무언가를 하면 잘 안 되는 자신을 자주 보게 되니 오히려 아무것도 안 하는 게 낫겠다는 생각을 하는 거죠. 그래서 느린 아이들이 무기력에 빠지는 경우도 종종 있답니다. 이런 상태가 오래 지속되면 청소년기에는 우울증으로 가기도 합니다. 등교를 거부하기도 하고 대인 관계를 자신이 먼저 피하려고 하죠.

그러니 기록은 아이와도 함께 보세요. 그리고 구체적으로 말해 줍니다. "와, 너 1학년 때는 한 문장 쓰기도 힘들어했는데 지금은 세 문장이나 쓰게 되었네, 대견하다. 우리 ○○이가 많이 노력했지.", "그때 이 글자, 많이 헷갈려서 고생했던 것이 기억나네. 지우개 자국 봐. 하지만 지금은 뭐, 눈 감고도 쓰지?", "지난 학기에 우리 이런 책들을 읽었구나. 엄마(아빠)는 이 중에서 이 책이 제일 기억나네. 이번 방학에도 너랑 책 골라서 이야기할 생각에 기대된다."

여기서 핵심은 아이의 나아진 점과 그 과정에서 아이가 노력한 점을 함께 말해 주는 것입니다. '네가 잘해서 엄마(아빠)가 기쁘다'가 아니라 '네가 이런 것들을 해냈고, 그 과정에서 너의 노력이 있었다'라는 것을 아이가 들을 수 있게 해 주세요. 지금은 대신 말해 주지만 이 과정이 반복되면 언젠가 아이 내면에서 그 대사가 나올 겁니다. '난 예전에 이런 것들을 해 보고, 노력했어'라고 스스로에게 말하고 인식하게 되는 거죠.

아이의 노력과 발전, 부모와 아이가 고군분투한 시간, 그 힘든 과정에서도 즐거운 조각들이 있었다는 것을 발견해 주세요. 그리고 아이에게 알려 주세요. 아이에게도 '내가 나아지고 있구나', '내가 이런 것들을 해냈구나' 하는 자기 노력에 대한 회고와 인정이 필요합니다. 그것이 또 다른 노력의 과정으로 발을 내딛게 하는 동기와 용기를 만들어 줄 것입니다.

2장

부모가 챙겨야 할 문해력 기본기

글 읽기 유창성

한글을 익히고 단어나 짧은 문장 한두 개를 읽을 때 아이들은 제법 정확하게 읽습니다. 학년이 올라갈수록 교과서나 책에 나오는 문장과 지문은 길어지지요. 그렇다 보니 느린 아이들은 더듬거리며 읽거나 글자를 빠트리고 읽는 모습을 자주 보입니다. 없는 글자를 넣거나 다른 글자로 바꿔 읽고, 엉뚱한 곳에서 띄어 읽기도 하지요. 글 읽기 유창성이 만들어지지 않아 그렇습니다.

글 읽기 유창성이란 너무 많은 노력을 들이지 않고도 문장이나 문단을 정확하고 빠르게 읽을 수 있는 능력을 말합니다. 자연스러운 감정을 실어 읽을 수 있어야 하고요. 아이가 글 읽기 유창성을 가지고 있는지는 정확성, 속도, 운율, 이 세 가지를 보고 판단합니다. 너무 빠르게 읽느라 틀린 글자가 많다면 속도는 무의미합니다. 한 글자 한 글자 읽어 내느라 너무 천천히 읽어도 곤란합니다. 정확성이 먼저 확보되고, 속도와 운율을 갖춰야 합니다. 적당한 곳에서 띄어 읽고, 물 흐르듯 부드럽게 읽고 있는구나를 스스로도, 듣는 이도 느껴야 하지요. 높낮이 없이 단조롭게 읽는 것은 유창한 읽기가 아니랍니다.

글 읽기 유창성은 왜 중요할까?

많은 연구에서 글 읽기 유창성과 읽기 이해력 사이에 높은 연관성이 있다고 알려 주고 있습니다. 그래서 얼마나 글을 잘 이해했는지를 알아보는 읽기 이해력 검사에서는 유창성을 확인합니다. 과연 글을 적정한 속도로 정확하게 읽는 것이 읽기 이해력과 어떤 연관성이 있는 걸까요?

우리의 뇌는 인지적인 작업을 할 때 작업 기억과 주의 집중력을 필요로 합니다. 작업 기억은 정보를 일시적으로 저장하고 동시에 각종 인지적 처리(이해, 학습, 판단 등)를 가능하게 합니다. 15~30초 정도 유지되기에 단기 기억에 속하며 '뇌 속의 메모지'라는 별명도 가지고 있습니다.

예컨대 7, 9, 14, 3을 듣고 가장 작은 숫자부터 다시 말해 본다고 합시다. 이 일을 해내기 위해서는 네 개의 숫자를 기억하는 동시에 순서에 따라 수를 재배치해야 합니다. 우리는 작업 기억 덕택에 기억과 판단, 처리를 동시에 할 수 있습니다. 이 과제를 해내기 위해서는 다른 자극에 주의와 집중을 빼앗겨서는 안 됩니다. 여러 소리가 들리겠지만 상대가 불러 주는 숫자에만 주의를 기울여야 합니다. 작업 기억이 일을 할 때 훼방을 놓는 청각적, 시각적, 후각적 자극은 주변에 늘 존재하죠. 눈앞에 뭔가가 지나가거나 어떤 음식 냄새가 날 수도 있습니다. 그 순간 나의 주의가 그쪽으로 도망가지 않도록 붙들어야 합니다.

안타깝게도 우리의 작업 기억과 주의 집중력은 제한적입니다. 그래서 하나의 일에 이 두 개의 소중한 자원을 너무 많이 써 버리면 다른 과제를 할 여력이 없습니다. 읽기도 마찬가지입니다. 아이가 읽기 유창성을 가지고 있지 못하면 글에 나온 글자들을 읽는 데 작업 기억과 주의 집중을 다 쏟아 붓게 됩니다. 그러다 보니 정작 읽은 내용을 이해하는 데는 사용할 여지가 없지요. 이런 상황을 두고 '글자는 읽었으나 이해를 못한다'라고 표현하는 겁니다. 이 이야기는 정말 많이 들어 보셨을 텐데요, 우리도 한번 체험해 볼까요?

SHE LIkEs rUNnINg. mY mOM sAId ThaT LIons WeRE bIG.

읽기가 어땠나요? 대소문자가 섞여 있다 보니 이미 아는 낱말임에도 알아보기가 쉽지 않지요. 그래서 단어마다 잠시 읽기를 멈추고 도대체 무슨 단어인지 하나씩 다시 읽어야 했을 겁니다. 이렇게 하느라 애를 쓰다 보니 한 문장을 다 읽고도 바로 해석하지 못합니다. 모르는 단어가 없음에도 말입니다. 다시 앞으로 돌아가 문장을 또 한 번 읽어 봐야 하지요. 어른인 우리는 한글을 유창하게 읽으니 일부러 영어 문장으로 체험해 봤습니다.

이처럼 아이가 글 읽기 유창성이 부족하다면 읽기는 힘든 노동으로 느껴지게 됩니다. 그렇다 보니 대충 읽거나 글자나 내용을 추측해서 읽습니다. 읽고도 이해가 안 되니 질문에 대답을 못 합니다. 왜 읽었는데 모르냐는 부모의 타박이 이어지고 읽기에 대한 부정적 이미지는 차곡차곡 쌓이게 되지요. 아이는 글만 보면 도망가고 싶고 유창성은 더욱 떨어지게 됩니다.

유창성은 글자를 읽는 단계에서 그 뜻을 이해하는 단계로 넘어가게 도와줍니다. 그래서 유창성을 '이해의 사다리'라고도 표현하지요. 이 사다리가 부실하거나 없는 아이들은 글을 읽고도 이해의 세계로 넘어가지 못합니다.

글 읽기 유창성은 어떻게 확인할까?

아이가 유창하게 글을 읽고 있는지 확인하는 유일한 방법은 소리 내어 읽어 보게 하는 것입니다. 우리 아이의 글 읽기 유창성이 궁금하시죠? 유창성을 체크하는 방법을 알려 드립니다.

1. 교과서나 또래 수준의 책 지문 중 아이가 처음 본 것을 선택합니다. 시나 대화체가 너무 많은 지문은 피하고 50~100어절 정도의 이야기글이나 설명글을 고릅니다. (어절은 띄어쓰기로 되어 있는 말의 덩어리입니다. '나는 사과를 먹는다'는 3어절입니다)
2. 그림이 들어가 있지 않은 자료가 좋습니다. 글 부분만 뽑아서 아이용, 부모용을 출력해 두세요.
3. 소리 내어 읽기를 시키며 녹음합니다. 누구든 자기 앞에서 틀린 것을 체크하면 긴장하거나 눈치를 보겠죠? 그래서 읽기에 집중하기가 어렵습니다. 아이가 없는 시간에 녹음 파일로 들어야 아이는 자연스럽게 읽고, 부모는 정확하게 확인할 수 있습니다. 녹음 파일을 들으며 1분 동안 정확하게 읽은 어절 수를 알아보는데요, 이를 CWPMCorrect Word Per Minute이라고 합니다. CWPM을 구하는 법은 다음과 같습니다.

1분 동안 읽은 전체 어절 수 – 잘못 읽은 어절 수
= 정확하게 읽은 어절 수(CWPM)●

● 《읽기 자신감》, 정재석, 장현진, 좋은교사.

잘못 읽은 것으로는 생략(빠뜨리고 읽음), 첨가(없는 것을 넣어 읽음), 대치(다른 글자로 바꿔 읽음)를 체크합니다. 잘못 읽었더라도 스스로 3초 이내에 잘 고쳐 읽었다면 맞게 읽은 것으로 간주합니다. 학년별로 1분간 정확하게 읽어야 하는 최소 어절 수는 다음과 같습니다.

학년	1학년 말	2학년 말	3학년 말	4학년 말	5학년 말	6학년 말
CWPM	48	57	64	70	75	83

지문마다 난이도가 다를 수 있으니 두세 개 정도의 지문을 읽고 평균값을 내 보세요.

글 읽기 유창성은 어떻게 발달할까?

글 읽기 유창성은 어느 날 갑자기 완성되지 않습니다. 문장이 모여서 글이 되니 문장을 유창하게 읽을 수 있어야 하지요. 문장은 뜯어보면 단어의 집합입니다. 그러니 단어를 유창하게 읽을 수 있어야 하고, 그러려면 글자마다 특정 소리가 있다는 '글자-소리 대응 관계'를 익히는 것부터 시작해야 하지요. 글자 'ㄱ'은 이름이 '기역'이고, 소리는 [그] 라는 사실을 익히는 겁니다. 이는 읽기발달이

론에 따르면 해독 단계입니다. 해독은 영어로 'decoding'이라고 하는데요, 글자를 보고 그 소리를 암호 풀듯 알아낸다는 뜻입니다. 아이들은 해독의 기술을 터득하며 글자를 유창하게 읽을 수 있습니다. 그러면서 '한눈에 읽을 수 있는 단어'가 생기지요. 이를 일견 단어一見單語라고 합니다. 이 시기에 쌓인 일견 단어는 향후 읽기 유창성과 글 이해에 큰 자산이 됩니다.

물론 처음 본 낯선 단어는 더듬거리거나 추측해서 읽습니다. 혹은 글자의 소릿값을 다시 기억해, 집중해서 천천히 읽는 모습을 보입니다. 여기에 아이들이 맞닥뜨리는 난관이 또 있는데요. 음운 변동이 일어나는 단어와의 만남입니다. 예를 들어 '해돋이'는 구개음화를 적용해 [해도지] 라고 읽어야 하는데, 아이들은 부자연스럽게 '해.돋.이'라고 읽지요. 하지만 이 어려운 음운 변동도 어른이 읽어주는 소리를 자주 듣고 따라 읽다 보면 결국 익숙해집니다. 그리고 나중에는 스스로 음운 변동을 적용해 자연스럽게 읽게 됩니다.

자, 드디어 단어와 단어가 모인 문장을 읽게 되면서 기초 읽기의 단계로 진입합니다. 단어 한두 개를 따로 읽는 것과 문장을 읽는 것은 차원이 다른 일입니다. 한 문장에는 제법 많은 단어가 있고, 모음과 조사가 붙으면서 역시나 음운 변동이 또 일어나거든요. '아빠는 국수를 먹을 때 국물을 모두 마셨다[아빠는 국쑤를 머글 때 궁무를 모두 마셛따]'처럼 말입니다. 문장이 길 때는 적당한 곳에서 끊어 읽어야 합니다. 문장 단위에서 이런 다양한 유창성이 확보된 후, 문장이 여러 개 모인 글 읽기 유창성이 가능해집니다.

여러 읽기발달이론에서는 공통적으로 초등 2학년의 핵심 과제로 유창성을 제시하고 있습니다. 즉, 그때까지 꾸준히 연습하고 발달시켜야 한다는 겁니다. 읽기발달과정에 대한 연구는 미국 자료들이 많고 우리나라도 그 자료들을 참조하는 경향이 있습니다. 미국은 이민자들이 많은 나라이다 보니, 외국인이 영어를 읽고 쓰는 과정에 대한 연구가 꽤 오랫동안 이뤄졌습니다. 더불어 관련 자료도 많이 축적되어 있고요. 하지만 우리나라는 미국과는 상황이 다르지요. 천경록 교수는 우리나라 국어과 교육과정을 고려해서 오른쪽 페이지의 도표와 같은 독서 능력 발달 단계를 제시했습니다. 이 자료에서도 2학년까지 유창성 획득을 강조하고 있지요.

글 읽기 유창성을 어떻게 길러 줄까?

앞서 제시한 방법으로 유창성을 확인한 뒤 학년별 기준에 못 미친다면 매일 소리 내어 읽기를 해야 합니다. 읽기에 어려움이 없는 아이들도 한글을 익힌 후 2학년 때까지 꾸준히 소리 내어 읽기를 연습하도록 권하고 있습니다. 낱말과 문장을 읽는 방법을 배우고 유창하게 읽을 수 있어야 3학년을 잘 보낼 수 있기 때문입니다. 3학년부터는 교과서의 지문도 더 길어지고 사회, 과학과 같은 과

단계	학년	내용
읽기 맹아기	입학 전	• 부모, 교사의 안내에 따라 그림책을 읽으며 이야기를 이해하고, 이야기를 이어가는 활동을 하며, 책에 흥미를 가짐. • 그림책에 등장하는 글자에 친숙해지고, 부모나 교사의 소리 내기를 따라 하며 '따라 읽기'가 가장 특징적인 읽기 방법이 됨. • 해독 기능에 노출되지만 완성된 단계로 볼 수는 없음.
읽기 입문기	초등 1~2	• **단어 수준에서는 문자 해독하기를 완성**해야 하고, **자동성**을 갖추어야 함. • **해독 능력의 자동화가 완성되지 않으면 독해 발달의 지연을 초래함.** • 문장 수준 이상에서는 의미를 구분하여 읽는 **'띄어 읽기'**를 할 수 있어야 하고, 글 수준에서는 **유창하게 소리 내어 읽을 수 있어야 함.**
기능적 독서기	초등 2~4	• 앞서 습득한 해독 기능을 보존하며 '핵심어 확인하기, 내용 확인하기, 중심 내용 파악하기, 사실과 의견 구분하기, 생략된 내용 추론하기, 단어의 의미 추론하기, 인물의 마음 짐작하기' 등 독서에 필요한 중핵 기능core skill을 익힘. • 의미 중심의 묵독이 정착됨. • 학습 독서의 시작으로 읽기 기능이 내용교과 학습에 도구적으로 사용됨.
공감적 독서기	초등 5~6	• 앞 단계의 중핵 기능을 심화시켜 텍스트 이해의 능숙도를 높이고, 텍스트와 정서적 교감, 자신의 반응을 주위 동료와도 교감하게 됨. • 인지적, 정서적으로 독서 몰입을 경험하고, 동료들과 활발하게 상호작용하며 자신의 독서 반응이 의견을 교환할 수 있어야 함.

독서 능력 발달 단계

출처: 《독서교육론》, 천경록, 김혜정, 류보라, 역락

목에서 낯선 개념과 내용을 읽기를 통해 배우게 됩니다.

유창성 연습을 할 수 있는 가장 적합한 지문은 가까이에 있습니다. 바로 아이의 교과서입니다. 교과서는 해당 학년에 맞는 어휘 수준과 글 길이를 고려해 지문을 만들고 선정하기 때문입니다. 다른 과목보다 국어 교과서에는 이야기글, 설명글, 주장글, 기행글 등 다채로운 지문이 많이 나오니 활용하기 좋습니다. 집에서 교과서를 수업 전이나 후에 읽으면 예습 및 복습의 효과도 있으니 안 할 이유가 없지요.

연습 시간은 하루 5분 정도면 충분합니다. 자세한 연습 방법은 2부에 정리된 유창성 활동들을 참조하세요.

어휘력

운전 중 기름이 얼마 남지 않아 조마조마했던 적이 있으신가요? 저는 아주 추운 겨울, 주유 경고등이 들어와서 히터를 끄고 바들바들 떨면서 운전했던 기억이 납니다. 히터 때문에 연료가 뚝 떨어져서 차가 멈추면 어쩌나 하고 마음도 떨렸지요. 어휘력은 문해력에서 연료와 같은 역할을 합니다. 어휘력이 부족하면 아이의 생활에도 비슷한 상황이 일어납니다. 수업 시간에, 놀이 상황에서, 일상의 대화와 글쓰기에서도 일시 정지 현상이 일어나지요. 이 현상은 아이의 마음에 답답증과 부대낌을 유발합니다.

꾸준히 채워야 할 문해력의 연료, 어휘

학년이 올라가면서 아이들이 습득해야 할 어휘 수는 점점 더 많아집니다. 아래 표는 학년별로 아이들이 배우고 사용하는 어휘량과 누적어휘량을 보여 주고 있습니다.

어휘 등급	어휘량	누계	개념
1등급	1,675	1,675	기초 어휘
2등급	4,063	5,738	초등 1, 2학년
3등급	7,736	13,474	초등 3, 4학년
4등급	8,753	22,227	초등 5, 6학년
5등급	9,697	31,924	중등 1, 2학년
6등급	11,552	43,476	중등 3학년, 고등 1학년
7등급	16,528	60,004	고등 2, 3학년
8등급	52,987	112,991	저빈도어 대학 이상 전문어
9등급	106,615	219,606	누락어 분야별 전문어
등급외	253,109	472,715	
전체	472,715	472,715	
등급 표기	219,606		

국어 어휘의 9등급 체계 출처 : 국립국어원

1등급으로 표시된 기초 어휘는 취학 전 아이들이 사용하는 어휘 수준입니다. 주로 일상생활에서 쓰는 단어로 1,675개입니다. 초등학교 1, 2학년이 되면 학교 수업을 받으며 새로 알게 되는 어휘들과 일상생활 어휘가 합쳐져서 누적량이 5,738개로 늘어납니다. 단, 기초 어휘를 온전히 습득했다는 전제하에 그렇습니다.

눈여겨봐야 할 부분은 3학년부터의 어휘량입니다. 갑자기 두 배 가까이 증가합니다. 사회, 과학 등 교과 과목을 배우고, 교과서 지문이 길어짐에 따라 어휘량도 늘어날 수밖에 없습니다. 이때부터 매해 익혀야 할 어휘가 급격하게 증가하고, 초등학교를 졸업할 무렵 2만여 개의 단어를 습득하게 됩니다. 성인의 평균 사용 어휘가 2만 개에서 10만 개 사이입니다. 초등 6년의 어휘만 잘 익혀도 성인과 비슷한 어휘력을 구사할 수 있다는 뜻입니다. 중요한 사실은 이 누적량이 시간이 흐르며 저절로 쌓이는 숫자가 아니라는 겁니다. 해당 학년의 어휘를 제대로 익힌 아이들만 이 결과값을 얻을 수 있습니다.

자동차가 계속 주행을 하기 위해서는 연료를 주기적으로 채워줘야 하지요. 마찬가지로 우리 아이들이 학교생활과 일상생활을 잘 해 나가기 위해서는 어휘를 틈틈이 경험하고 익혀야 합니다. 그리고 어른들은 이 과정에서 적절한 자극을 제공하고 제대로 도와줘야 합니다.

아이가 배우는 어휘의 종류와 특징

우선 아이가 배우는 어휘부터 자세히 알아봅시다. 우리는 문제를 해결하기 위해 방법에 골몰하는 경향이 있습니다. '어떤 방법이 있을까', '남들은 어떻게 하나'에 시간과 관심을 많이 쏟지요. 방법을 찾는 것도 중요하지만 그보다 먼저 해야 할 일이 있습니다. 바로 문제를 정확히 분석하는 것이지요. 문제가 무엇인지에 따라 방법이 달라질 수도 있습니다. 아이의 어휘 문제도 마찬가지입니다. 아이가 살아가면서 익히는 어휘의 종류와 특성을 알아야 합니다. 그러면 방법이 보입니다.

일상에서 만나기 어려운 '학습 어휘'

학교에 다니면서 아이가 만나게 되는 새롭고 어려운 어휘가 있습니다. 바로 학습 어휘입니다. 학습 어휘란 교과서에 나오는 단어로 아이의 입에 잘 안 붙고, 못 알아듣고, 그래서 습득이 잘 안 됩니다. 학습 어휘는 다시 교과 어휘와 학습도구어로 나뉩니다.

- 교과 어휘: 특정 교과에서 사용되는 단어로 교과별 핵심 주제, 개념을 담고 있음.

  (예) 수학: 지름, 반지름 / 사회: 교통수단, 영토

- 학습도구어: 교과 학습에 두루 필요한 어휘.

(예) 일상에서는 '나누다'라는 표현을 쓰지만 교과서에서는 전달하려는 개념에 따라 '분류하다(사물을 종류에 따라 가름)', '구별하다(어떤 것과 다른 것을 차이에 따라 나눔)'와 같은 학습도구어를 사용.

이 어휘들은 일상 어휘와는 다른 독특한 특징이 있습니다.

❶ 일상에서 자주 사용하지 않는다

부모와 아이의 대화는 주로 이렇습니다.

아이 **엄마, 이따가 우리 뭐 타고 가요?**

엄마 **집 앞에서 마을버스 01번 탈 거야.**

다음과 같이 말하지 않지요.

아이 **엄마, 이따가 우리 뭐 타고 가요?**

엄마 **오늘 우리의 교통수단은 마을버스야. 우리 고장에는 01번 마을버스가 있지. 그 버스에 승차할 거야.**

교과 어휘는 일상에서 사용할 일이 거의 없습니다. 우리 집에서 아이와 내가 하는 말을 녹음해 들어 보면 교과 어휘는커녕 쓰는 단어가 상당히 제한적이라는 사실에 깜짝 놀라게 됩니다. "밥 먹자.",

"손 씻어.", "옷 걸어.", "숙제부터 하고!", "동생이랑 싸우지 좀 말고!", "왜 언니(누나) 물건을 건드리니?", "어서 이빨 닦아, 안 닦아? 하나 둘 셋!" 대부분의 사람들이 일상에서 1000개 내외의 단어를 사용한다고 하는데, 매일이 똑같은 우리는 500개도 채 안 될 것 같습니다.

학습도구어도 마찬가지입니다. "네 방의 물건들을 분류해서 정리해 주겠니? 너의 용품들이 혼재되어 있는 장면을 보니 마음이 어수선하구나."라고 말하는 부모는 이 세상에 존재하지 않습니다. 치워도 치워도 늘 똑같고, 혼자 정리하게 두었더니 더 엉망이 된 아이 방을 보고는 "야! 너 빨리 안 치워!"라는 말이 저절로 나오니까요. 부모들은 학습도구어를 잘 모르기도 하고, 현실에서 이 단어들을 사용하는 것은 자연스럽지도 않지요. 양육이라는 만만치 않은 시간 속에 학습도구어가 끼어들 틈은 없습니다.

어떤 어휘가 나의 어휘가 되기 위해서는 자주 만나야 합니다. 만난다는 것은 듣거나, 눈으로 보거나, 입으로 말하거나, 글씨로 쓰는 것을 전부 포함합니다. 학교에서 '교통수단'이라는 어휘를 배웠다 해도 수업 시간은 짧습니다. 그것이 나의 어휘로 머릿속에 저장되기에는 부족합니다(특히 '수단'이라는 표현은 더욱이요). 게다가 '교통수단'이라는 단어만 배우지 않지요. 옛날 교통수단인 달구지, 나루를 오가던 뗏목, 여객선 등 교통수단에 관한 많은 어휘가 와르르 등장하니 한 귀로 들어왔다 다른 쪽 귀로 나가 버립니다. 그리고 일대일 수업이 아니기에 아이가 충분히 익혔는지를 확인하기 어렵습니다.

② 구체적이지 않다

'사과'라는 단어를 보면 내가 먹어 본 사과의 이미지가 무수히 떠오릅니다. 그래서 기억하려 애쓰지 않아도 머리에 잘 저장됩니다. 사과와 같이 실체를 가지고 있는 단어를 구체어라고 해요. 이에 반해 '창의'라는 어휘는 머릿속에 바로 떠오르는 이미지가 없습니다. 이렇게 눈에 보이지 않는 생각이나 개념을 나타내는 말을 추상어 또는 개념어라고 합니다. 교과 어휘와 학습도구어는 이런 개념어들로 많이 이루어져 있습니다.

비유적인 표현이 들어간 어휘는 더욱 당황스럽습니다. '동장군'은 '혹독한 겨울 추위'를 뜻하는 말입니다. 추위와 장군이 도대체 무슨 관련이 있는지 아이는 어리둥절합니다. 피아제Jean Piaget의 인지발달이론에 따르면 11살까지의 아이들은 눈에 보이지 않는 것, 즉 추상적인 개념을 익히기가 쉽지 않습니다. 7~11세까지는 구체적 조작기라고 해서 자기가 경험했거나 직접적으로 대상이 보여야 잘 이해할 수 있거든요. 그래서 이 시기의 아이들에게는 바둑알이나 수막대와 같은 교구를 사용해 수개념을 가르칩니다. 과학은 실험을 통해 개념을 눈으로 확인시켜 주지요.

같은 이유로 2015 개정 교육과정 통합교과 겨울 교과서에서는 다음과 같이 동장군을 그림으로 표현해 주는 센스를 발휘하고 있습니다.

2015개정 초등 1-2 겨울 교과서

③ 주로 한자어나 낯선 순우리말로 되어 있다

지식과 정보를 다루는 어휘일수록 한자어로 된 것이 많습니다. 1학년 수학 교과서에는 뺄셈에서 '차'라는 단어가 함께 등장합니다. 그러면서 우리에게 너무 익숙한 '6-2=4'를 두 가지 방법으로 읽을 수 있다고 배웁니다.

- 6 빼기 2는 4와 같습니다.
- 6과 2의 차는 4입니다.

여러분도 좀 생소하지요? 그러니 우리 아이는 얼마나 낯설겠습니까? '차差'는 차이를 뜻하는 한자로, 어떤 수를 빼고 남은 나머지

값이라는 수학 용어입니다. 정의는 이렇지만 1학년 교과서에서 이런 정의까지 설명하지는 않습니다.

이처럼 처음 본 기호들이 등장하고 그것을 부르는 명칭이 있다는 것을 배웁니다. '='는 양쪽이 같을 때 쓰는 기호로 '등호'라는 이름을 써야 하지요. 그래서 '6에서 2를 빼면 4와 같다', 혹은 '6과 2의 차이가 4와 같다'라는 문장을 익히고 씁니다.

순우리말도 만만치 않습니다. 3학년 1학기 사회 교과서의 첫 단원은 〈우리 고장의 모습〉입니다. 고장은 '사람들이 모여 사는 곳'을 말하는 순우리말인데요, 어른에게도 낯선 단어입니다.

어휘 간의 관계를 파악하는 '질적 어휘'

흔히 어휘력을 키운다고 하면 뜻을 알고 있는 어휘의 개수만 늘려 주면 된다고 생각합니다. 물론 알고 있는 어휘의 양도 중요합니다. 하지만 학년이 올라갈수록 하나의 어휘를 얼마나 세밀하게 알고 있느냐의 단계로 넘어갑니다. 단어를 정확하게 읽고(발음), 틀리지 않게 쓸 수 있어야(철자) 하지요. 궁극적으로는 단어가 어떻게 구성되어 있고 다른 어휘와의 관계가 어떤지를 아는 것(의미구조 파악)이 목표가 됩니다. 어휘를 세밀하게 안다면 아래와 같은 것들이 가능해집니다.

❶ **단어의 구조를 뜯어 볼 수 있는가?**

(예) '참치김밥'은 '참치'와 '김밥'이 합쳐진 단어임을 알고, 다른 재료 단어를 붙여 '○○김밥'이라고 말할 수 있는가?

❷ **어떤 단어의 비슷한 말과 반대말을 아는가?**

❸ **단어의 위계 구조를 아는가?**

(예) '학용품'에는 어떤 것들이 있는지 알고 그 하위어(필통, 지우개, 공책…)를 말할 수 있는가? 반대로 이들을 '학용품'이라는 상위어로 포함시켜 말할 수 있는가?

❹ **다의어를 문맥에 맞게 해석하고 사용하는가?**

(예) '먹다'는 '음식 따위를 입을 통하여 배 속에 들여보내다'라는 기본 뜻 말고도 '공부할 마음을 먹다', '우리 편이 한 골을 먹었다'처럼 확장되어 많이 사용되는데, 이 문장을 이해하고 직접 사용할 수 있는가?

어떤 단어를 위와 같이 입체적, 종합적으로 알고 있을 때 어휘의 질적 수준이 올라갑니다. 위와 같은 연습을 하다 보면 어휘를 정교하게 익히게 되죠. 어휘의 정교화를 통해 질적 어휘 수준이 올라가면 듣고 말하고 읽고 쓰는 데 훨씬 유리합니다.

아는 것을 넘어 표현할 수 있는 '표현 어휘'

어휘력이 좋은 아이를 보고 '어휘력이 탄탄하다', '어휘력을 잘 갖추었다'라고 말합니다. 그런 아이들의 모습은 어떠한가요? 첫째로 누군가의 말을 듣거나 글을 읽을 때, 사용된 어휘의 뜻을 잘 알고 내용을 제대로 파악합니다. "공공장소에서는 몸이 불편한 사람이나 나이가 많은 어르신들을 배려해야 해요."라는 문장을 듣거나 읽으며, '공공장소'와 '배려'의 뜻을 사전에서 찾거나 어른에게 묻지 않아도 이해할 수 있지요. 공공장소와 배려가 아이의 '이해 어휘'이기에 가능한 것입니다. 두 번째로 말을 하거나 글을 쓸 때, 이 단어들을 활용할 줄 압니다. "다른 사람들이랑 함께 있는 곳에서는 뛰어다니지 않아요."라고 말하는 것이 아니라 "공공장소에서는 뛰어다니지 않아요."라고 표현하는 겁니다. 이때, 아이는 공공장소를 자신의 '표현 어휘'로 사용했습니다.

어떤 어휘가 아이의 이해 어휘를 넘어 표현 어휘가 되려면 그 어휘의 정의를 정확히 알고 자주 써야 합니다. 그래야 '다른 사람들이랑 함께 있는 곳'이라는 다소 긴 문구가 아닌 '공공장소'라는 간결한 단어로 표현할 수 있습니다. 아이들뿐만 아니라 많은 사람들이 자신은 어떤 어휘의 뜻을 제대로 알고 있고 적재적소에 쓸 수 있다고 생각합니다. 하지만 말을 하거나 글을 쓰면 그 착각이 드러나지요. 정확하지 않은 단어를 사용하거나 "아, 그게 뭐였더라?"라고 얼버무리면서 말입니다.

대개 한 사람의 표현 어휘량은 이해 어휘량보다 적습니다. 이해 어휘가 표현 어휘로 넘어가려면 관심과 의지가 필요하거든요. 뜻과 발음, 철자도 정확하게 기억해야 합니다. 위에서 말한 어휘의 정교화가 이루어지지 않으면 정확하고 자신 있게 사용하기가 어렵습니다. '이 단어를 쓰는 게 맞나? 아닌가? 에이, 그냥 쉬운 단어를 쓰자'가 돼 버리지요.

'표현 어휘로의 확장이 꼭 필요할까?'라는 생각이 들 수도 있습니다. 하지만 어휘는 글을 읽고 이해하는 데뿐 아니라 내 생각과 마음을 말과 글로 표현할 때도 꼭 필요한 연료가 되어 줍니다. 그러니 표현 어휘도 채워 넣어야지요.

어휘 지도를 위한 4원칙

느린 아이의 어휘력을 키워 주려면, 어휘의 특성과 느린 아이의 특징을 함께 기억하면 도움이 됩니다. 이를 적용한 느린 아이 어휘 지도 4대 원칙을 소개합니다.

원칙1. 맥락이 있는 단어를 자주 만나게 해 주세요

어떤 어휘가 내 것이 되려면 최대한 많이 만나야 한다고 말씀드렸죠? 하지만 문제풀이로만 어휘를 만나는 방식은 효과가 크지도 않고, 유지하기도 어렵습니다. 어휘 문제집에 나온 단어는 아이 입장에서는 다소 생뚱맞습니다. 특정 단어를 익히기 위해 인위적으로 구성했기 때문입니다. 예를 들어 오늘의 주제가 마음이면, 마음에 관한 단어를 다 모아 놓은 방식입니다. 아이는 갑자기 왜 마음에 관한 단어를 익혀야 하는지, 마음 단어는 왜 이리 많은지 혼란스럽습니다. 아이와도, 아이의 생활과도 연관되어 있지 않은 맥락이 결여된 단어라 그렇습니다.

그래서 느린 아이들은 가급적 자기가 읽은 책이나 교과서에 나온 단어부터 익히기를 추천합니다. 책에서 본 단어나 수업 시간에 들었던 단어는 나와 관계가 있으니까요. 책이나 교과서를 읽고 거기에 나온 단어를 함께 말하거나 써 보면 됩니다.

생활에서도 가급적 그 단어를 들려주고 만나게 해 주세요. 실제 상황에서 그 단어를 자주 들어야 '아, 이럴 때 이 단어를 쓰는구나' 하고 익숙해집니다. 예를 들어 책에서 '간결하다(간단하고 깔끔하다)'가 나왔다면, 부모님은 일부러 생활에서 그 말을 써 주세요. 아이와 방 정리 후 "와, 책상 위가 간결하게 정리되었네!"라고 말해 주는 겁니다. 처음에만 어색하지 자주 쓰다 보면 익숙해집니다. '간결하다'의 추상적인 개념이, 눈에 보이는 깔끔하게 정리된 책상과 연결되면서 기억에 오래 남습니다. 아이가 쓴 문장을 보며 "참 간결하게 잘 썼네."라고 말해 줄 수도 있겠죠. 이 경험이 반복되면 아이는 자기 입으로 그 단어를 말하게 됩니다. 자주 듣는 단어는 결국 말하게 되어 있으니까요.

'간결하다'가 들어간 짧은 글짓기를 하거나 부모님과 같이 말로 해 봅니다. '같이'가 중요합니다. 아직 아이는 딱 들어맞는 문장을 쓰기 어려워할 테니까요. 부모가 만든 문장에서 아이가 힌트를 얻을 수 있으면 됩니다. 글로 쓰고, 생활에서 자주 듣는 반복 노출이 중요합니다.

맥락이 있는 단어를 실생활에서, 자주 아이의 눈, 귀, 손과 만나게 해 줍시다. 어휘를 듣고, 말하고, 읽고, 쓰는 종합적 경험은 언어 발달의 뇌인 좌뇌도 자극시켜 준답니다.

원칙2. 재미의 욕구를 활용하세요

기껏 익힌 단어가 휘발되지 않으려면 반복은 필수입니다. 문제는 이 반복이 지루함을 유발한다는 겁니다. 아이들은 재미가 중요한 존재이고요. 반복과 재미가 공존할 수 있으려면 아이가 좋아하는 놀이와 어휘를 만나게 해 주어야 합니다.

느린 아이에게도 재미의 욕구가 있습니다. 자신이 재미있다고 느끼는 일에는 관심을 보이고 해 보려고 하지요. 어휘 문제집만 줄곧 풀리면 아이의 하품과 저항만 늘 뿐입니다. 아이가 재미있어하는 방식으로 책이나 교과서 어휘들을 다시 만나게 해 주세요. 예를 들면, 오늘 본 단어를 스피드 퀴즈나 초성 퀴즈 같은 놀이로 알아보는 겁니다. 부모도 퀴즈에 참여하면 좋습니다. 아이가 문제를 냅니다. "산, 강, 큰길 등의 밑그림만 그려져 있는 지도는?" 이때, 아이는 단어의 정의를 다시 한번 눈으로 읽고, 입으로 말하게 되지요. 부모가 일부러 틀리기라도 하면 "에이, 엄마는 그것도 몰라? 백지도!" 하며 의기양양할 것입니다. 답을 이야기하면서도 마찬가지로 자기 입으로 다시 말해 보는 효과가 있습니다.

시중에 나와 있는 보드게임 중에서도 활용할 것들이 꽤 많답니다. 구체적인 예시는 2부에 넣어 두었습니다. 우리는 사실 놀면서 많은 것들을 배웠습니다. 공기놀이를 하면서 숫자 5를 1과 4, 2와 3으로 가를 수 있음을 체득했습니다. 종이접기를 통해서는 사각형 안에 삼각형이 두 개 들어간다는 사실을 눈과 손끝으로 경험했지요. 구체적 조작기에 오래 머무르는 느린 아이들이니 경험하고 만져 보면서 잘 배우게 해 주세요.

원칙3. 어휘를 만날 다양한 기회를 만들어 주세요

우리가 한정된 단어만 쓰게 되는 까닭은 일상에서는 눈에 띄게 특별한 일이 일어나지 않기 때문입니다. 환경이 바뀌거나 특별한 사건이 일어나야 평소와 다른 말을 쓰게 되거든요. 예를 들어 아이의 초등 입학식 날에는 "네가 벌써 초등학생이 되었다니 엄마는 **감격스럽다**.", "너를 키웠던 시간이 엄마 머릿속에 **주마등** 같이 지나가는구나." 같은 새로운 표현을 하게 됩니다. 가족과 나들이나 여행을 갔다면 "여기 경치가 **장관**이다. 배가 고프니 어서 밥부터 먹으러 갈까? **금강산도 식후경**이니까."라는 말이 나올 수 있겠지요.

아이의 어휘력을 위해서는 일상을 벗어나는 장소에서 새로운 경험을 자주 하기를 추천합니다. 꼭 멀리 가지 않아도 됩니다. 계절이 바뀔 때, 공원을 산책하며 자연의 변화를 단어로 들려줘도 됩니다. 걷다가 개나리 새순이 올라온 가지를 함께 보며 "봄이 되니 **새순**이 올라오네."라고 말해 줄 수 있겠지요. 장소가 아닌 시간이 달라져도 좋습니다. 아이나 부모의 어릴 적 사진, 예전에 함께 놀러 갔던 사진을 보며 이야기를 나눠 보세요. 아이는 시각 정보가 있을 때 더 잘 반응하니까요. "우리 아들, 작년 사진을 보니 올해 **부쩍** 큰 게 느껴지네.", "이때는 **습도**가 엄청 높아서 걸어 다니기 힘들었지." 부모가 들려주는 문장에서 모르는 단어가 있다면 아이는 물어볼 겁니다. 물어보지 않더라도 들어보는 경험은 소중합니다. 그렇게 들려주고, 물어보고, 다시 들으면서 자연스럽게 반복이 이루어집니다. 그리고 이 과정을 통해 그 단어는 아이의 어휘가 됩니다.

원칙4. 아동 친화적으로, 분명하게 지도해 주세요

아이에게 단어의 뜻을 설명하다 보면 꼬리에 꼬리를 무는 상황이 벌어집니다. '멀쩡하다'는 '흠이나 탈이 없다'라는 뜻이라고, 사전에 나와 있는 대로 말해 주니 2차 질문이 들어오죠. "흠이 뭐야?", "탈이 뭐야?"라고 말이죠. 흠과 탈을 또 어떻게 설명해야 하나 싶습니다.

교과 어휘의 정의는 더 만만치 않습니다. 3학년 과학 교과서 중 〈동물의 한 살이〉라는 단원은 제목에 있는 '한 살이'부터 막힙니다. 다행히 교과서에는 정의가 나와 있습니다. "동물의 알이나 새끼가

자라서 어미가 되면 다시 알이나 새끼를 낳습니다. 이처럼 동물이 태어나서 성장하여 자손을 남기는 과정을 한 살이라고 합니다." 친절하게 설명해 줬으나 문장이 너무 깁니다. 그러니 아이 머릿속에 남지 않지요. 위의 설명은 모두 정확하고 친절한 설명인 듯 보이나 아이에게 그 효과를 발휘하지 못하고 있네요.

단어의 정의도 중요하지만, 너무 어렵고 길다면 정리가 필요합니다. 이때 아이도 경험했을 분명한 사례나 자료가 제시되면 더 좋습니다. 반려동물과 함께 생활하는 아이라면 새끼였을 때의 사진과 성견이 된 지금의 모습을 비교합니다. 그리고 나중에 새끼를 낳는다면 "이게 우리 집 초코(반려견 이름)의 한 살이야."라고 말해 줍니다. 반려동물이 없더라도 아이가 본 적 있는 동물의 사진을 인터넷에서 찾아 그 동물이 태어나서 자라고, 성체가 되고, 다시 새끼를 낳는 과정을 보여 주면 됩니다. 핵심은 한 살이를 시각적으로 분명히 보여 주는 겁니다. 이런 과정을 밟으면 한 살이가 머릿속에 각인됩니다. 어휘를 설명할 때 스마트폰의 사진 자료를 활용하면 신속하고 쉽습니다.

앞에서 교과 어휘는 추상적이고, 일상에서 잘 사용하지 않는 특징이 있다고 했지요? 최대한 눈에 그려지게, 분명하게 지도해 주세요. 아이가 친근하게 느낄만한 소재나 어휘를 사용해서요. 아이에게 익숙한 단어와 사례로 분명히 알려 주는 아동 친화적인 지도를 기억합시다.

책대화

느린 아이들은 읽기 능력을 갖추는 데 오랜 시간이 걸리고, 그 과정에서 실패감을 자주 맛봅니다. 부모가 책을 읽어 주던 어린 시절에는 마냥 행복했지만 한글을 익힐 때부터 고난의 행군이 시작되지요. '이제는 혼자서 좀 읽어 봐라', '이정도 책은 너 혼자 읽을 수 있다', '이건 유치원생도 읽는 얇은 책이다'라는 각종 회유와 압박을 통해 읽기 독립을 종용받습니다. 혼자서 읽으면 무슨 말인지도 모르겠고, 이 세상에는 책 말고도 재밌는 게 많은데 왜 자꾸 책을 읽으라고 하는지 이해가 안 갑니다. 많은 아이가 그렇듯 느린 아이들은 여가 시간에 굳이 책을 보는 선택을 하지 않습니다.

책은 왜 읽어야 할까요? 독서의 효능에 대해서 우리는 의심하지 않습니다. 정보가 담긴 책을 읽으면 배경지식을 쌓을 수 있고,

이를 통해 지적 자극과 성장이 일어나지요. 이야기책에서는 다양한 인물의 상황과 마음, 갈등과 문제를 해결해 나가는 과정을 자연스럽게 목격합니다. 이 과정에서 아이도 주인공에게 공감하며 감정과 문제 해결력의 동반 성숙이 일어나지요. 책의 이런 유용성과 매력은 시간과 경험이 퇴적층처럼 쌓여야만 알 수 있습니다. 어떤 책에서는 재미를 느끼고, 또 어떤 책에서 본 단어를 사용했을 때 "와, 그런 단어도 알아?"라는 말을 듣기도 하는 어깨 으쓱한 경험도 해 보면서 말이지요. 하지만 안타깝게도 우리 느린 아이들은 이 과정을 맛보기가 쉽지 않습니다.

아이의 책동무 되어 주기

부모에게는 '읽기 독립'이라는 단어가 참 매력적으로 들릴 것 같습니다. 하지만 느린 아이를 키우고 있다면 읽기 독립을 우선 과제로 두지 않아도 괜찮습니다. 아이가 혼자 읽을 수 있어도 그 안에서 아무것도 건지지 못한다면 그 시간은 무의미합니다. 그보다는 부모가 읽어 주는 것을 듣거나 같이 읽으면서 읽기의 재미와 유익함을 찾는 편이 더 낫습니다.

책을 같이 읽으며 새로운 단어의 뜻도 설명해 주고, 주인공에게는 어떤 문제가 있어서 이런 일이 일어났는지, 인물은 왜 그런 선택을 했는지에 대해 이야기를 나눕니다. 이렇게 독서를 학습적으로도 잘 활용할 수 있습니다. 책을 다 읽고, 각자 가장 기억에 남는 장면이나 마음에 드는 표현에 대해 이야기한다면 취미로서의 독서를 함께 한 셈이 되겠지요.

부모는 책의 재미와 의미를 함께 찾아가는 아이의 책동무가 되어야 합니다. 혹시 독서 모임이나 북클럽에 참여해 본 적이 있으신가요? 그렇다면 책을 같이 읽는 재미가 얼마나 쏠쏠한지 아실 겁니다. 분명 같은 책을 읽었는데도 마음을 울린 장면이 사람마다 다르고, 똑같은 문장을 읽어도 얼마나 다양한 해석이 나오는지 모릅니다. 그 해석을 들으면서 여러 다른 시각이 존재함을 알게 되지요. 보석 같은 지식이나 지혜는 덤으로 얻게 되고요. 또, 혼자서는 결코 읽을 엄두가 안 나거나 관심이 없는 책이라도 어떻게든 읽게 됩니다. 어른도 그런데, 하물며 아이에게 그런 경험은 얼마나 소중할까요.

가족 구성원이 돌아가며 책동무가 되어 주어도 좋습니다. 친구는 많을수록 좋으니까요. 가능하다면 한 달에 한 번은 가족 모두가 같은 책을 읽는 책동무가 되어 봅니다. 혹은 각자 마음에 드는 책을 일정 분량 읽고 서로에게 소개해도 좋지요. 가족끼리 한다면 어렵게 책 동아리를 꾸리거나 다른 사람과 시간을 맞출 필요도 없습니다. 가족 구성원 모두가 참여한다면 책 읽기는 우리 가족만의 소중한 문화가 되는 셈입니다.

그 어려운 읽기 독립을 해냈다 하더라도 어른의 읽어 주기는 여전히 강력한 힘을 발휘합니다. 이와 관련한 유명한 사례가 있습니다. 미국의 유명 시트콤인 〈코스비 가족〉은 방송 당시 초등 1학년 아이들에게 가장 인기가 있던 프로였습니다. 그런데 이 시트콤의 원고는 대략 4학년 정도의 수준이었지요. 그렇다 보니 1학년 아이들에게 원고를 주었을 때는 읽고 이해하는 아이가 거의 없었습니다. 하지만 누군가가 소리 내어 읽었을 때, 다시 말해 배우들이 연기했을 때는 알아듣고 재미있어 했습니다. 이처럼 듣기는 자기 수준보다 높은 수준의 글을 이해하는 것을 가능하게 해 줍니다. 글 안에 있는 배경지식과 어휘도 익힐 수 있지요. 듣고 이해하는 능력과 읽고 이해하는 능력이 거의 동일해지는 연령이 평균 만 12세라고 했지요? 느린 아이들은 더 늦어진다는 점을 고려한다면 읽어 주고, 함께 읽는 것이 확실히 남는 장사입니다.

책동무와 함께하는 책수다의 힘

어렸을 적, 친구들과 시간 가는 줄 모르고 이야기꽃을 피웠던 기억이 있나요? 흔히 말하는 수다의 원래 뜻은 '쓸데없이 말이 많다'인데요. 생각해 보면 그때 그 시절, 친구들과 나눈 대화의 내용은 크게 중요하거나 심오하지 않았습니다. 좋아하는 연예인의 머리나 옷 스타일이 어떤지, 나는 왜 언니 옷을 물려 입어야만 하는 건지, 부모님은 왜 동생이랑 나를 차별하는지와 같은 아주 소소한 주제였지요. 그래서 수다를 '쓸데없다'라고 낮춰 말하기도 하지만, 바꿔 말하면 친밀한 관계에서만 가능한 것이 바로 수다입니다. 사소한 것을 나눌 수 있는 사이, 맞고 틀리고에 대한 걱정을 내려놓을 수 있는 관계에서만 가능하지요.

책동무의 첫 번째 역할은 이렇게 책수다를 떠는 겁니다. 책의 어떤 페이지에 같이 머물며, 쓸데없는 이야기를 많이 나눌수록 좋습니다. 《만복이네 떡집》을 마음먹고 읽어 주려고 했는데 제목을 보자마자 아이가 '나도 떡 먹고 싶다'라는 말을 흘린다면, 부모는 반갑지 않습니다. 처음부터 옆길로 새려는 불길한 느낌이 드니까요. 하지만 책수다의 시간 만큼은 조금 풀어집시다. "그러게, 떡집 보니까 떡 먹고 싶다. 엄마(아빠)는 인절미를 좋아하는데, 넌 무슨 떡이 제일 좋아?"라고 말하면서 쓸데없는 이야기를 건네 보세요.

책동무의 두 번째 역할은 열린 질문을 하는 겁니다. 열린 질문이란 답이 하나로 정해져 있지 않은 질문을 말해요. '무슨 색을 좋아하는지', '방학에 무엇을 하고 싶은지'와 같은 질문은 말하는 사람에 따라 답이 달라질 수 있지요. 정답이 있지도 않습니다. 이와 반대로 닫힌 질문은 '네', '아니요'의 대답만 가능하거나 딱 맞는 답이 있습니다. '만복이의 문제점이 무엇이었는지', '만복이가 쑥떡을 먹자 무슨 일이 일어났는지'와 같이 책 내용을 물어보는 것은 닫힌 질문입니다. 물론 책 내용을 잘 이해했는지를 확인할 목적으로 닫힌 질문을 해 볼 수는 있습니다. 하지만 닫힌 질문만 하면 그 책동무와 책을 향한 마음의 문도 닫힙니다. 까딱하면 책수다를 가장한 책 취조가 되니 주의해 주세요. 친구는 취조하지 않습니다.

책수다에서 생각의 과정을 보여 주기

책 읽기의 재미 중 하나는 작가가 숨겨 놓은 메시지와 장치를 찾아내는 것입니다. 《고맙습니다, 선생님》이라는 책은 난독증인 여자아이가 선생님을 통해 잘 성장하게 되는 이야기를 그리고 있습니다. 주인공 트리샤가 막 7살이 되던 날, 할아버지는 특이한 행동을 합니다. 책 표지에 꿀을 찍어 놓고 트리샤에게 맛보라고 하지요. 트리샤는 '달콤하다'라고 대답합니다. 그러자 다른 식구들이 한목소리로 이렇게 말합니다. "맞다, 지식의 맛은 달콤하단다. 하지만 지식은 그 꿀을 만드는 벌과 같은 거야. 너도 이 책장을 넘기면서 지식을 쫓아 가야 할 거야!" 무엇인가를 알게 되었을 때의 즐거움은 꿀처럼 달콤합니다. 하지만 그 달콤함은 그냥 주어지지 않지요. 꿀벌이 부지런히 꿀을 만들듯, 시간과 노력이 필요하다는 것을 비유적으로 말하고 있습니다.

작가는 여러 이유로 비유와 장치들을 책 곳곳에 숨겨 놓습니다.

일일이 다 설명하면 재미와 감동이 덜하기 때문입니다. 책에 처음부터 "트리샤, 너도 이제 7살이 되었으니 글자와 숫자를 배워야 해. 뭔가를 배운다는 것은 즐겁지만 노력을 해야 하지."라고 쓰여 있었다면, 느낌이 사뭇 달랐겠지요? 또 한편으로는, 독자가 충분히 내용을 유추할 수 있으리라는 기대가 있기 때문이기도 합니다. 친구와 다투었는데 학원에서 그 친구를 다시 만나야 하는 아이의 마음을 "오늘따라 책가방이 더 무겁게 느껴졌다."라고만 표현합니다. 이를 통해 우리는 친구랑 화해하지 못해 어색해하고 부담스러워하는 마음을 느낄 수 있지요.

책에서 직접적으로 말하지 않은 내용을 이해하는 것을 '추론적 이해'라고 합니다. 글에서 추론의 영역은 굉장히 다양합니다. 글에 드러나 있지 않은 인물의 마음과 성격을 짐작해 보기, 주인공이 그런 행동을 한 이유를 찾아 내기, 사건의 결과를 보고 원인을 짐작해 보기 등이 있습니다. 《고맙습니다, 선생님》의 마지막 페이지에는 주인공이 어린이책 작가가 되었다고 나오는데요(결과), 왜 작가가 되었는지는(원인) 알려 주지 않습니다. 하지만 우리는 주인공이 작가가 되어 자기와 같은 어려움을 겪는 어린이들에게 용기를 주려 했다는 점을 짐작할 수 있지요. 더불어 작가가 따뜻한 이야기를 만들어 아이들에게 책과 글의 재미를 알려 주려 했을 것이라고 추론할 수 있습니다.

하지만 아이들에게는 이 추론이 만만치 않은 일입니다. 추론적 이해가 되려면 그전에 사실적 이해가 잘 되어야 하거든요. 사실적 이해란, 글에 직접적으로 나온 내용을 이해하고 기억하는 것입니다. '트리샤에게는 읽기와 관련된 많은 고생과 상처가 있었다', '그런데 선생님의 도움으로 결국 읽게 되고, 꿀맛 같은 지식을 맛보는 어른으로 성장했다'를 이해하는 것이지요. 하지만 느린 아이들은 글을 읽고 사실적 이해를 제대로 하기에도 벅찹니다.

추론은 내 마음대로 상상하거나 짐작하는 것이 아닙니다. 근거가 있어야 하지요. 교과서에서는 이것을 단서라고 표현합니다. 단서, 혹은 근거는 책에 나온 내용일 수도 있고 자신의 경험에 기반한 것일 수도 있습니다. 앞서 말한 책가방 사례처럼 친구와 다투고 화해하지 못한 채 헤어져 본 경험이 있다면 그 마음을 짐작하기 어렵지 않습니다. 이 부분은 아이의 공감 능력과도 관련이 있지요. 혹시 아이에게 공감 능력이 부족하더라도 꾸준히 책을 읽고 책 속 다양한 인물의 감정을 관찰하면 공감 능력도 기를 수 있습니다.

추론은 이 모든 것이 머릿속에서 일어납니다. 그래서 눈에 보이지 않지요. 또 생각을 해야 하는 작업이기에 느린 아이들이 힘들어하는 과제 중에 하나입니다. 그러니 사실적 이해에 능숙하고 경험이 충분한 어른이 추론의 과정을 구체적으로, 꾸준히 보여 주세요. 어른의 머릿속에서 일어나는 추론의 프로세스를 말로 해 주는 겁니다. "트리샤는 자기가 글자 읽기로 너무 고생해서 아이들을 돕고 싶었나 봐. 그래서 그림책 작가가 되었나 보다.", "친구랑 화해를 못

했는데, 다시 만나려면 참 애매하지. 당장은 친구 얼굴을 보고 싶지 않은데 학원을 빠지자니 엄마한테 혼날 것 같고, 마음이 무겁겠구나. 그래서 책가방이 오늘따라 무겁게 느껴졌다고 표현했나 보다."처럼요.

이렇게 생각의 과정을 소리 내어 드러내는 것을 사고 구술think aloud이라고 합니다. 생각과 사고think를 소리 내어 들리게 말한다aloud는 뜻입니다. 부모는 아이가 추론적 사고를 할 수 있기를 바라며 추론 질문을 합니다. 하지만 느린 아이에게 추론 질문에 즉각적으로 잘 대답하는 것은 너무 멀고도 큰 목표입니다. 그러니 먼저 해야 할 것은 부모의 사고 구술을 자주 경험하게 해 주는 일입니다. 책을 읽다가 추론의 여지가 있는 장면이나 문장을 만나면 추론의 과정을 함께 이야기해 주세요. 아이는 책 속 문장을 그냥 읽는 게 아니라, 그 안에 담긴 것들을 함께 들어 보고 이해하면 됩니다.

부담 없고 즐거운 책대화를 책동무와 함께 한다면 아이들은 책과 조금씩 가까워질 겁니다. 읽기에 익숙하지 않은 아이들이 듣기, 말하기, 추론하기도 해 볼 수 있으니 책대화는 부모가 꼭 챙겨야 할 문해력 필수품입니다.

생활문해력

일상에서도 우리는 시시각각 읽고 씁니다. 라면을 사면서 유통기한을 확인하고, 다른 사람의 후기를 꼼꼼히 읽고 난 후에 물건을 살지 말지 결정하지요. 친구와 약속이 있거나 볼일을 보러 갈 때는 내가 가야 할 곳을 지도 앱이나 검색창에서 찾아봅니다. 그리고 지하철역의 이름, 버스 번호, 도착 시간 등을 읽습니다. 지하철을 탔다면 또 다시 읽어 내야 할 표지들이 있지요. 환승 방향, 가까운 출구 번호 같은 것 말입니다. 마트에 장을 보러 갈 때도 꼭 필요한 물품만 사고, 까먹지 않기 위해 미리 적어 갑니다. 온라인으로 무언가를 살 때도 주소나 배송 시 요청 사항을 적어야 하지요.

1장에서 실제 생활에서의 문제를 해결하는 데 필요한 문해력을 생활문해력이라고 말씀드렸습니다. 학습을 위한 문해력, 여가로서의 독서도 필요하고 의미 있지만 생활문해력도 중요합니다. 아이들의 생활에서 틈틈이, 그리고 평생 동안 필요한 능력이기 때문입니다.

느린 아이들은 문제 해결력이나 대처 능력이 부족한 경우가 많지요. 생활문해력도 마찬가지이더라고요. 생활문해력은 학교나 학원에서 알려 주지 않고 어깨너머로 배우는 경우가 대부분입니다. '가르치지 않아도 눈치껏 배우는' 요령이 약한 느린 아이들은 이 부분에 구멍이 크게 나 있습니다. 그래서 세밀하게 꾸준히 가르쳐야 합니다. 이런 것도 일일이 알려 줘야 한다니 답답하게 느껴질 수 있겠지만, 살면서 가장 요긴한 문해력 필수품이랍니다.

환경과 생활 연령에 맞는 것부터 가르치기

생활문해력의 목적은 일상의 여러 상황들을 스스로 해결하게끔 하는 것입니다. 그러니 아이가 현재 자주 이용하는 시설, 빈번하게 접하는 환경에서부터 먼저 가르쳐 주세요. 여유가 된다면 앞으로 자주 이용하게 될 것도 미리 연습하면 좋고요. 치료 센터에 다니고 있다면 집에서 치료실을 찾아가는 경로를 검색합니다. 그 중간에서 보게 되는 여러 표지(도로 표지판, 건물의 층별 안내판 등)를 함께 보고 읽습니다. 그 과정을 꾸준히 반복하면서 혼자 치료실 가기를 목표로 하면 금상첨화입니다. 부모님이 직장을 다녀 방학 동안 혼자서 식사를 해결해야 한다면 간단한 조리법을 읽고 그대로 해 보기를 우선순위로 잡으면 됩니다.

개인적으로 저는 부모님이 집에 있더라도 아이가 이런 자립 기술을 익힐 수 있도록 지도하기를 제안합니다. 누구나 자신의 일상을 스스로 해결하면 자신감이 생깁니다. 느린 아이들도 어른이 꾸준히, 눈높이에 맞춰 가르쳐 주어 그런 긍정적인 경험을 많이 해 봐야 합니다.

직접 경험을 통해 배우게 하기

강의를 하다 제가 생활문해력의 중요성을 말씀드리면 이렇게 이야기하는 분들이 많습니다. "안 해봐서 그렇지, 우리 아이도 할 수 있을걸요?", "언젠가 때가 되면 하겠죠. 글을 못 읽는 것도 아니고…", "그것보다 학습적인 것이 더 중요하지 않나요?"

하지만 생각보다, 글은 읽으면서도 이런 생활문해력에서는 힘을 발휘하지 못하는 아이들이 꽤 있습니다. 시계를 볼 줄 알고 문제집에 나오는 시계 문제를 풀 수 있지만, 3시까지 센터에 가려면 집에서 몇 시에 나가야 하는지 모르는 아이, 우리 집에 있지 않나요? 시간 개념을 익혔더라도 생활에 적용하고 연습해 보지 않아 그렇습니다.

생활문해력은 반드시 실제 경험이 동반되어야 합니다. 내가 직접 읽으면서 몸으로 문제를 해결해 본 경험이 있어야 읽기의 필요성을 느낍니다. 그리고 그 성공 경험이 자신감을 안겨 주고, 다음 읽기의 동기로서 작용하게 되지요. 아이들이 좋아하는 짜파게티나 불닭볶음면의 조리법을 함께 읽고 같이 만들어 먹는다면 읽기가 공부처럼 느껴지지 않습니다. '읽기가 내 생활에 도움이 되는구나'를 몸으로 느끼고 즐겁게 배우게 되지요. 생활문해력은 몸으로 배울 수 있게 반드시 직접 경험시켜 주세요.

잘게 쪼개서 가르치기

느린 아이를 가르치는 데 얼마나 많은 인내심이 요구되는지 저도 잘 알고 있습니다. 몇 살 아래인 동생은 굳이 가르쳐 주지 않아도 스스로 터득하는데, 느린 아이는 하나에서 열까지 꾹꾹 눌러 가르쳐야 하지요. 그렇다 보니 답답함이 몰려오고, 부모가 다 해치워 버리기도 합니다. 다른 부모들도 그렇지만 시간이 없으니 대중교통보다는 차에 태워 택배 배달하듯 문에서 문으로 아이를 실어 나르죠. 불이나 칼을 써서 간단한 음식을 만들게 하면서도 행여나 다칠까, 지켜보는 내내 불안합니다. 그러다 실제로 다치게 되면 아이도 부모도 속상하고 일이 더 복잡해집니다. 요리는 생각보다 정교한 소근육을 요하고, 일을 순서에 맞게 할 줄도 알아야 하는데 아이는 이런 능력이 부족하지요. 그러니 시간은 시간대로 가고, 초토화된 부엌은 부모 몫이 됩니다. 가르치고 설명하고 기다리느니 내가 후딱 해 버리는 편이 빠르고 결과물도 좋습니다.

하지만 생활문해력은 아이의 자조와 깊은 연관이 있기에 느리더라도 포기하지 않고 꼭 가르쳐야 합니다. 물론 부모는 너무나 자연스럽게 해 왔던 일이라 어떻게 설명해야 할지 막막할 겁니다. 일단, 가르쳐야 할 내용을 잘게 쪼개 보세요. 일의 단계를 처음부터 마지막까지 최대한 자세하게 나눕니다. 예를 들어, 우리는 컵라면 하나를 먹더라도 꽤 많은 과정을 거칩니다.

비닐을 벗긴다 → 컵라면의 조리법을 읽는다(넣어야 할 물의 양, 시간 확인) → 뚜껑을 뜯는다 → 물을 끓인다 → 스프를 뜯고 넣는다 → 물을 붓는다 → 뚜껑을 덮는다 → 시간을 맞춘다 → 뚜껑을 연다

어른은 수많은 컵라면을 먹어봤기에, 각 단계를 일사천리로 해내지요. 하지만 느린 아이들은 유독 절차가 있는 일에 헤매곤 합니다. 그 과정에서 순서가 뒤죽박죽되기도 하고요. 절차를 순서대로 말해 보거나 글로 써 본 다음, 하나씩, 천천히, 직접 해 보게 합니다. 그중에서 아이가 유독 어려워하는 부분이 있다면 집중적으로

연습하면 됩니다.

덩어리가 너무 큰 음식은 씹기도 불편하고 소화도 잘 되지 않습니다. 반대로 너무 잘게 썰면 씹지 않아도 되니 치아가 잘 발달하지 않지요. 느린 아이들의 읽기와 쓰기 과제는 아이가 수행할 수 있는, 또는 도전해 볼 만한 크기로 잘라서 단계별로 제시해 주세요.

글 이외의 단서를 읽는 방법 알려 주기

일상에서 읽어야 하는 것은 글자뿐만이 아닙니다. 화살표와 같은 기호나 사물, 시설, 수치를 알아보기 쉽도록 그림으로 나타낸 픽토그램, 도표, 사진, 그림, 로고 같은 것들이 도처에 있습니다. 이러한 것들을 통칭해서 '상징'이라고 하지요. 상징에는 의미가 담겨 있고, 이것을 이해하는 것은 추론의 영역이기 때문에 아이들이 어려워합니다. 하지만 일상에서 만나는 사회적 상징들은 자주 보고 연습하면 익힐 수 있습니다. 이 표시들은 사회적으로 약속된 메시지를 담고 있지요. 예를 들면 '→' 는 오른쪽을, '※'은 중요하다는 뜻입니다. '7월 29일~8월 1일'에 쓰인 '~'는 '해당 날짜 동안'이라는 의미입니다.

이런 단서들은 책보다는 엘리베이터에 붙은 안내문, 길거리의 각종 포스터, 공공시설에서 많이 볼 수 있습니다. 통칭해서 환경인쇄물이라고도 하지요. 우리 주변에 자연스럽게 존재하는 환경인쇄물에는 상징이 담긴 기호가 꽤 많이 들어 있습니다.

북스마트book-smart라는 말을 들어보셨을까요? 책을 통해 터득한 영리함을 일컫는 말입니다. 책은 확실히 사람을 똑똑하게 해 주지요. 하지만 책만 읽어서는 헛똑똑이가 될 수 있습니다. 책에서 읽은 지혜를 삶에 적용하지 못하면 반쪽짜리 지식이 되니까요. 한편 책이 아닌 거리에서, 경험을 통해 나에게 필요한 지식을 얻는 것을 스트리트스마트street-smart라고 해요. 생활문해력을 기를 수 있는 환경인쇄물의 상징과 기호는 거리로 나가야 보입니다. 아이에게 글뿐만 아니라 세상의 다양한 사회적 상징을 알려 주세요. 그리고 그것들을 만나러 바깥 세상으로 나가 보세요. 생활문해력을 기르는 데 큰 도움이 됩니다.

실물 자료를 반복 활용하기

생활문해력의 필요성이 공감을 얻으며, 느린 학습자를 위한 생활문해력 관련 문제집들도 조금씩 나오는 추세입니다. 하지만 문제집은 아무래도 인위적이고 공부 느낌이 물씬 듭니다.

학습 문제집만 푸는 것보다는 낫지만, 되도록 실물 자료로 연습하는 게 가장 좋습니다. 방문할 도서관의 이용 안내문, 이번에 여행

할 관광지의 안내도, 내가 지금 먹을 식품의 조리법, 자주 시켜 먹는 음식점 전단지나 배달 앱의 화면과 같은 다양한 실물 자료를 활용해 봅니다. 자세히 둘러보면 꽤 많은 것들이 눈에 들어올 겁니다.

느린 아이들의 특성 중 하나가 일반화의 어려움이라는 점에 고개가 끄덕여지시지요? 하나를 알려 주면 다음 것에 적용하기는커녕 깨우친 하나도 잊어버리기 쉬운 느린 아이를 위해 반복, 또 반복해 주세요. 이번에 A도서관의 이용 안내문을 읽어 봤다면 다음에는 B도서관에 가서 안내문을 읽어 봅니다. 그러다 보면 아이도 언젠가는 노하우를 익히고 일반화를 해냅니다. “이걸 언제까지 해야 하나요?”라고 많이들 질문하십니다. 기간을 정해 두지 마세요. 다만 ‘될 때까지 가르친다’라고 마음먹어야 합니다.

글쓰기

쓰기는 가장 늦게 발달하며, 복잡하고 어려운 활동입니다. 왜냐하면 잘 쓰기 위해서는 앞서 말했듯 듣기, 말하기, 읽기 능력이 모두 필요하기 때문입니다. 심지어 이것들 외에도 엄청나게 많은 것들이 밑바탕에 깔려 있어야 진정한 글쓰기가 가능해집니다. 과연 어떤 것들이 필요한지 한번 살펴볼까요?

글쓰기가 아이에게 요구하는 능력들

물리적인 측면에서는 기본적으로 소근육이 받쳐 줘야 합니다. 연필을 힘 있게 쥐고, 칸 안에 작은 직선과 곡선을 알맞게 그려야 하니까요. 요즘 아이들은 손힘이 약합니다. 디지털 세대이다 보니, 소근육을 한창 발달시킬 나이임에도 다섯 손가락을 골고루 쓸 기회가 많이 부족합니다. 엄지와 검지만으로도 재밌는 세상이 바로 열리니까요. 젓가락보다는 포크를 쓰고, 반찬은 젓가락질을 세밀하게 하지 않아도 먹을 수 있는 메뉴로 간편화되었습니다. 예전에는 끈 있는 운동화가 대부분이어서 끈 묶는 연습을 해야 했어요. 하지만 요즘은 대부분의 신발이 그냥 쓱, 발만 밀어 넣으면 됩니다. 소근육은 자꾸 써야 단단해지고 세밀해지는데 그 기회를 박탈당하고 있는 상황입니다.

소근육 이외에 눈과 손의 협응 능력도 중요합니다. 누군가가 쓴 글씨를 따라 쓰면서 초기 쓰기가 시작되는데요, 이때 자기가 본 것을 기억하고 손으로 구현해야 합니다. 눈과 손이 착착 호흡을 맞추지 않으면 글자를 빼먹고 쓰거나 이상하게 쓰게 됩니다. 느린 아이들은 소근육 발달이 더디고 눈과 손의 협응력이 떨어지는 모습을 보입니다. 그렇다 보니 본격적인 쓰기를 하면서 손에 지나치게 많은 힘이 들어가거나 반대로 힘이 없어 오래 글씨를 쓰면 고통스러워합니다. 일정한 간격을 유지하며 띄어 쓰는 것을 어려워해서 모든 글자를 붙여 쓰거나 엉뚱한 곳에서 띄어쓰기도 합니다.

언어적인 차원에서 글을 잘 쓰기 위해서는 어휘력이 갖춰져야 합니다. 우선 뜻을 제대로 안다는 전제하에 많은 단어를 알고 있어야 합니다. 어휘 간의 관계도 정교하게 파악해야 하지요. 말을 하거나 글을 쓸 때 그 단어를 머릿속 어휘 상자에서 꺼내 쓸 수 있어야 합니다. 머릿속에 어휘가 담겨 있지만 꺼내 쓰기에서 오류가 나는 아이들도 있습니다. 이른바 산출이 잘 안 된다고 표현하는데요, 어떤 일을 처리하는 속도가 느리거나 머릿속에 어휘들이 제대로 정리되어 있지 않아 그렇습니다.

문법과 구문도 알아야 하죠. 말과 달리 글에서는 따지는 것이 꽤 많습니다. 말을 할 때는 "배고파."처럼 주어를 굳이 말하지 않아도 됩니다. "싫은데, 그거!"라고 순서를 바꿔 말해도 크게 문제가 되지 않지요. 하지만 글쓰기는 어느 정도의 문장 형식을 갖춰서 써야 합니다. 그래서 말로는 자기 생각과 마음을 표현할 수 있는 느린 아이도 글로 쓰라고 하면 못 한다고 합니다. 단어를 쓸 수는 있지만, 단어를 연결해 문장으로 써 보라고 하면 어렵다고 하지요.

종종 필사를 시키는 부모님도 있습니다. 필사는 분명히 효과가 있는 방법 중 하나이고 필요한 시기가 존재합니다. 처음 한글을 익히고 단어나 간단한 문장을 써 볼 때는 필사가 필요하지요. 정확한 문장구조나 멋진 표현을 익히는 계기도 됩니다. 하지만 필사를 열심히 해도 정작 스스로 글을 쓸 때 그 효과를 못 누리는 아이들이 있습니다. 특히 느린 아이들은 기계적으로 필사를 하기에 더 그렇습니다. 글자를 따라 쓰는 연습은 될지 몰라도, 부모의 목적은 달성되기 어려운 셈입니다.

단어를 철자에 맞춰 쓰는 맞춤법도 요구되지요. 부모들이 가장 답답해하는 부분이기도 한데요. 사실 냉정하게 보면 어른들도 맞춤법을 헷갈려합니다. 먹으면 '안 돼' 인지 '안 되'인지 자신이 없습니다. 몇 년 전부터 이와 관련해서 여러 일화가 뉴스에 보도되고 있지요. '모르는 개 산책(모르는 게 상책)', '나물할 때 없는 맛며느리(나무랄 데 없는 맏며느리)', '힘들면 시험시험해(힘들면 쉬엄쉬엄해)'. 젊은 세대의 문해력 저하 현상에 대한 에피소드들입니다만 느린 아이들도 비슷한 양상을 보입니다.

글쓰기에 필요한 능력으로는 사고력과 기억력도 빼놓을 수 없습니다. 일기를 쓴다면 무엇을 쓸지 생각해야 하고, 오늘 하루 동안 있었던 일을 기억해 내야 합니다. 책을 읽고 독후감을 쓴다면 줄거리를 기억하고 그 이야기를 통해 내가 느낀 마음과 생각을 떠올려야 합니다.

어떤 것을 조직하고 순차적으로 계획하는 능력도 필요합니다. 저도 글을 쓸 때는 이 글에서 꼭 다룰 내용을 키워드로 먼저 적은 다음 자연스럽게 연결되게 배치합니다. 이렇게 내가 쓰려는 것을 어떤 순서대로 쓸지 계획하지 않으면 글이 뒤죽박죽됩니다.

집중력도 필요하지요. 쓰는 도중에 딴생각을 하면, 철자가 틀렸거나 문법에 맞지 않는 문장을 쓰게 됩니다. 글을 끝내려면 참고 버티는 인내력도 필요하지요. 다 쓰고 나면 내가 쓴 글을 다시 읽으며 어색한 부분이나 틀린 철자는 없는지 확인하고 고쳐 쓰는 자기 점검 능력도 필수입니다.

2W1H를 차근차근 연습하기

앞서 말한 이유로 많은 아이가 글쓰기를 좋아하기는커녕 어려워합니다. 몇 년 전부터 글쓰기 열풍이 불면서 글쓰기 강좌를 듣는 성인 인구가 늘어나고 있습니다. 하지만 그들도 어렸을 때는 같은 마음이었을 겁니다. 지금 이 책을 읽고 있는 부모도 내 아이에 대해 글을 써 보라고 하면 첫 문장을 뭐라고 적어야 할지, 무슨 내용을 어떻게 이어 가야 할지 난감할 거예요.

글쓰기에서 겪는 어려움을 분류해 보면 크게 세 가지로 나뉩니다. 느린 아이들도 예외는 없지요.

- What: 무엇에 대해 쓸 것인가?(글감)
- Why: 왜 써야 하는가?(동기)
- How: 어떻게 쓰는가?(방법)

2W1H라고 하는 이 세 가지는 글쓰기의 핵심이기도 합니다. 세 가지 중 How는 어른이 가르쳐 줄 수 있고, 연습하면 분명히 좋아집니다. 연필을 바르게 쥐는 법, 글씨의 획순, 꾸며 주는 말을 넣어 문장을 생생하게 쓰는 법, 문단을 체계적으로 구성하는 법 등 구체적인 팁들은 꽤 많이 있거든요. 아이도 이 방법을 익히며 자기가 나아지는 것을 느낍니다. 내 글씨가 예뻐지고 있고, 내가 쓴 문장이

예전보다 길어진 게 눈에 보입니다. 한 페이지를 채운 자신의 글에 스스로도 대견합니다. 물론 연습 과정에는 어른의 꾸준함과 인내심이 요구되지요.

Why가 제일 난감합니다. 아이에게는 '도대체 글이란 걸 왜 써야 하지?', '왜 일기를 굳이 써야 하지?', '왜 책을 읽었는데(힘들게) 독서록까지 써야 하지?'라는 의문이 끊이지 않습니다. 부모의 회유와 호령에 연필을 잡긴 잡았으나 온몸을 비틀지요. 무엇을 써야 할지 떠오르지도 않고, 간신히 한 문장을 썼지만 다음 문장이 이어지지를 않습니다. '쓰고 싶다', '쓰기는 할 만하다', '쓰기는 나에게 이롭다'라는 생각이 들지 않으면 스스로 쓰기는 불가능합니다. 느린 아이뿐만 아니라 대부분의 아이가 그렇지요. 고학년이 되어 일기 쓰기가 자율화되면 일기를 자발적으로 쓰는 아이는 찾아보기 힘듭니다. 느린 아이들은 특히나 동기가 부족하고, 쓰기를 통해 얻은 긍정적인 경험이 부족하기에 더욱 안 쓰고 싶을 겁니다.

관건은 '쓰고 싶은 마음'이 들게 하는 것이겠네요. 너무 비현실적인 목표 아니냐고요? 불가능한 일은 아닙니다. 아이들은 재미를 추구하는 존재이니까요. 그리고 같이 쓰면 힘이 나지요. 가족이 함께 쓴다든지(가족신문 만들기, 가족 구성원이 공동 저자가 되어 이야기 쓰기), 쓰기에 대한 고정관념에서 탈피한다면 해 볼 만한 것들이 꽤 있습니다. 쓰기의 세계로 아이를 유혹해야 합니다. 학교에서 내 주는 각종 쓰기의 의무가 해제되면 부모의 어르고 달래기는 먹히지 않습니다. 다른 애는 안 쓰는데, 왜 나만 일기와 독서록을 써야 하냐며 거세게 항의하고 거부하지요. 쓰기의 매력을 생활에서 자주 느끼게 해 줄 장치가 필요합니다.

What과 관련해서는 늘 일상이 똑같으니 딱히 쓸 게 없다고 말하는 아이들이 많습니다. 특별한 일만 글의 재료가 되는 게 아니라 세상의 모든 일과 사물이 글감이 될 수 있다는 점을 알려 주세요. 사소한 물건에 관한 설명글이나 또래 혹은 어린아이가 쓴 글을 읽어 보는 것도 도움이 됩니다. 부모가 읽으라고 한 책에는 대단한 사건들이 나오고, 멋진 표현들로 가득 차서 '글은 다 이런 모습이구나' 하며 주눅 들 수 있습니다. 어린아이들이 쓴 천진난만한 시나 날것의 글을 읽으며 이런 것도 글이 될 수 있고, 이런 소박한 표현도 괜찮다는 점을 느껴 봐야 글쓰기에 덤빌 수 있습니다.

이 세 가지를 차근차근, 꾸준히, 혼나지 않고 쌓아 가는 시간이 필요합니다. 더불어 이 과정에서 아이의 정서를 놓치지 않고 챙깁시다. '나는 글을 쓸 수 있는 아이야, 글을 써 보니 쓸 만해'라는 자신감, '다음 글을 또 쓰고 싶다'라는 동기는 어른들이 놓치기 쉽지만 생각보다 큰 힘을 발휘합니다. 글은 이런 기세로 쓰는 겁니다.

2부

부모와 아이를 위한 문해력 활동 39

내 아이의 특성을 이해하였으니, 이제는 실제로 활동을 해 볼 차례입니다. 1부에서 설명한 읽기 유창성, 어휘력, 책대화, 생활문해력, 글쓰기를 두루 연습할 수 있는 다양한 문해력 활동을 아이와 함께해 보면서 읽고 쓰기의 즐거움을 본격적으로 맛보세요. 모든 활동을 다 할 필요는 없습니다. 가장 부담이 적은 활동부터 하나씩 해 보기를 권합니다. 소박하고, 즐겁게 말이지요.

01

낱말 유창성을 연습해요

STEP 1

WHY – 왜 해야 할까요?

글 읽기 유창성은 글을 정확하게, 알맞은 속도로 읽는 능력입니다. 정확하게 읽는 것이 먼저이고 그다음 속도를 챙겨야 하지요. 이를 단계적으로 연습합니다. 글의 가장 작은 단위인 낱말부터 유창하게 읽도록 하고, 그다음에 낱말과 낱말이 모인 문장 읽기를 합니다. 문장을 유창하게 읽을 수 있으면 문장들이 여러 개 모여 있는 문단을, 마지막에는 긴 글로 넘어가야 합니다. 어떤 글이든 읽기 전에 개별 낱말을 유창하게 읽는지 확인하고 연습합니다. 문장은 낱말들로 구성되어 있기에 낱말을 정확하게 읽지 못하면 문장을 읽는 것은 더 어렵기 때문입니다.

평균 발달의 아이들도 2학년까지 읽기 유창성을 연습하도록 권고합니다. 느린 아이들은 새로운 단어와 글을 볼 때마다 읽기 유창성이 떨어질 수 있으니 꾸준히 확인하고 연습합시다.

STEP 2

HOW TO – 어떻게 할까요?

책 또는 교과서의 지문 하나를 선택하고 본문에 나온 단어를 미리 적어 둡니다. 단어는 아이가 처음 들어봤거나 익숙하지 않은 것이어야 하고, 10개 이하를 고르세요. 이 단어들을 본문을 읽기 전에 아이와 두 번 이상 읽어 봅니다. 처음에 아이가 어떻게 읽는지, 뜻을 아는지 확인하세요. 그리고 어른이 읽어 주고 따라 읽게 합니다. 문맥상의 뜻도 알려 주고요. 그 뒤로는 다시 아이 혼자 읽거나 같이 읽습니다.

그리고 나서 본문을 읽습니다. 앞서 읽었던 단어가 포함된 글을 눈으로 보고 입으로 읽으며 아이는 자연스럽게 단어를 머릿속에 담습니다. 아이가 그 단어를 처음 봤더라도 이렇게 다시 읽을 기회가 많이 생기면 나중에 해당 단어의 모양, 발음, 의미를 자동으로 떠올릴 수 있게 됩니다.

한눈에 읽을 수 있으며 뜻을 아는 낱말을 일견 단어라고 했습니다. 우리가 사과, 고구마, 꽃 같은 단어를 눈 감고도 떠올릴 수 있는 이유는 수없이 듣고, 읽고, 써 봤기 때문입니다. 'sight word'라고도 하는 일견 단어가 많을수록 읽기는 편해집니다. 일견 단어가 늘어나려면 많은 반복이 필수이지요. 특히 단어를 소리 내어 읽을 때, 단어가 가진 세 가지 특징인 모양, 발음, 의미가 잘 저장되어 나의 일견 단어가 됩니다.

읽기에 어려움이 있는 아이들은 단어의 시각적 이미지가 뇌에 정확하게 저장되지 않는 경우가 많습니다. 예전에 제가 만났던 한 아이는 지도 용어인 '축척'이라는 단어를 자꾸 '축적'이라고 읽더라고요. 쓸 때도 그렇게 쓰는 실수를 하고요. 단어에 대한 시각적 이미지가 정교하지 못하다 보니 이런 일이 자주 벌어집니다. 그러니 글의 최소 단위인 단어부터 정확하게 읽고, 뜻을 이해하며 반복해서 읽게 해 주세요. 그러면 시각적 이미지를 각인시키고 유창성을 확보할 수 있습니다.

slow, steady, special tip

- 유창성 연습을 위한 활동이니 본문을 읽을 때 단어 뜻에 집중하기보다는 읽기에 초점을 두도록 하세요.

02

무의미 단어를 읽어요

STEP 1

WHY – 왜 해야 할까요?

단어를 정확하게 읽지 않는 모습이 자주 보이면 '무의미 단어 읽기'를 합니다. 무의미 단어란 아는 단어와 비슷하게 생겼지만 주의 깊게 보면 다르고 뜻이 없는 단어를 말합니다. '스파게터'는 언뜻 보면 '스파게티' 같지만 철자가 다르고 의미가 없는 단어이지요.

학년이 올라갈수록 읽기를 어려워하는 아이들은 글자를 보고 추측해서 읽습니다. 어떤 글자의 소릿값을 여전히 모르거나 헷갈리기 때문입니다. 일견 단어가 빈약한 탓도 있지요. 자신이 제대로 못 읽는다는 사실을 들키지 않기 위해서 이 방법을 쓰기도 합니다.

이런 습관이 든 아이들은 의미 단어만 읽어서는 교정되지 않기 때문에 추가로 무의미 단어 읽기를 해야 합니다.

STEP 2

HOW TO – 어떻게 할까요?

처음에는 2음절부터 시작해 점점 음절 수를 늘립니다.

2음절 무의미 단어	퍼도, 효두
3음절 무의미 단어	삼겹산, 피어노
4음절 무의미 단어	후라이밴, 스마게티

언뜻 보면 익히 아는 단어와 비슷해서 주의를 기울여야 합니다. 그래서 정확성이 올라갑니다. 무의미 단어를 여러 번, 정확히 읽으면 유창성에 큰 도움이 됩니다.

그다음 단계로 의미 단어와 무의미 단어를 섞어서도 읽게 해주세요. 이를 통해 어떤 단어를 볼 때, 한눈에 읽어도 되는 단어인지 꼼꼼히 읽어야 하는 단어인지 구분하게 됩니다.

방바닥	책거방	사계절
송아지	신호둥	눈서람

그냥 읽으라고 하면 재미도 없고, 왜 해야 하냐고 투덜댈 수도 있겠네요. 그렇다면 놀이하듯 다음과 같은 활동을 해 보기를 추천합니다.

1. 무의미 단어 목록과 녹음용 핸드폰을 준비한 뒤, 누가 먼저 읽을지 순서를 정합니다.
2. 단어 목록을 보며 누가 더 많은 단어를 실수 없이 짧은 시간에 읽었는지 시간을 잽니다.
3. 정확한 확인을 위해 녹음하며 읽습니다. 녹음을 다시 들으며 스스로 체크할 기회를 줍니다.

녹음 파일을 들으면 누군가에게 틀렸다는 지적을 받지 않고 스스로 모니터링할 기회를 얻게 됩니다. 틀렸다는 소리에 민감한 아이들에게 불안과 수치심을 일으키지 않고 수정할 동기를 제공하지요. 어른은 모델링이 되어야 하니 되도록이면 정확하게 읽어야겠다는 생각이 들 것입니다. 하지만 게임을 하는 시간만큼은 융통성을 발휘합시다.

시간을 재는 것에 압박감을 느끼는 아이들에게는 다른 방법을 써 봅니다. 순서를 정해 읽다가 앞사람이 틀리게 읽으면 바로 다음 사람이 이어 읽기로 합니다. 각자 자기가 읽은 단어를 점수로 계산합니다.

slow, steady, special tip

- 읽은 것을 녹음하고 다시 들으며 스스로 체크할 기회를 주세요.
- 무의미 단어와 의미 단어를 섞어서 놀이하듯 같이 해 보세요.

무의미 단어 목록

- **2음절 무의미 단어**

화거	거수	모리
치야	커비	사괴
바귀	사좌	효두
사궈	주샤	소긍
설당	병윈	참쇠
찰흘	돼치	생션

- **3음절 무의미 단어**

자전겨	도회지	선샌님
삼겹산	자종차	초대창
보룸달	손바답	책거방
태귄도	신호둥	눈서람
색면필	아파드	윈숭이
저긍톰	비둘귀	냉장교

4음절 무의미 단어

징검타리	오토바지	고무장캅
헬리콤터	색질하기	하모니까
조코파이	매드민턴	빨래비우
마요네스	김지치게	스게이드
후라이밴	할버아지	호랑바니
스파케티	스마게티	복주머지

03

어른의 모범독을 따라 읽어요

STEP 1

WHY – 왜 해야 할까요?

단어 읽기가 익숙해졌으면 이제 문장과 글을 유창하게 읽는 연습 단계로 넘어갑니다. 단어를 읽을 때보다 문장이나 글을 읽을 때는 신경 써야 할 것이 훨씬 많지요. '곰'이라는 글자는 단어로 있을 때는 받침인 'ㅁ' 소리가 정확하게 납니다. 하지만 '곰이 나타났습니다'라는 문장에서는 달라집니다. [고미 나타낟씁니다]로 어른은 자연스럽게 읽을 수 있지만, 아이들은 생각보다 어려워합니다. 이 어려움은 나중에 받아쓰기에서도 이어지지요.

띄어 읽기도 만만치 않은 과제입니다. 어디서 띄어 읽어야 할지 판단이 서지 않기도 하고, 잘못 띄어 읽었다가는 문장의 의미가 달라집니다. 그 유명한 '아버지 가방에 들어가신다'라는 예문처럼 말입니다.

STEP 2

HOW TO – 어떻게 할까요?

처음에는 어른이 정확하고 자연스럽게, 적당한 속도로 읽는 것을 들려줍니다. 음운 변동과 의미 단위의 띄어 읽기가 적용된 어른의 모범독模範讀을 들려주는 겁니다. 그리고 아이가 소리 내어 따라 읽어 보게 합니다. 모범독을 들었어도 당연히 잘못 읽는 구간이 발견되겠지요. 이때 절대 야단을 치거나 공포 분위기를 조성하지 마세요. "저번에도 틀리던 글자를 또 틀리게 읽네!", "왜 자꾸 또 네 마음대로 읽어!" 같은 말이 나오려 한다면 혀를 살짝 깨무십시오. 그런 말은 아이를 위축되게 하고 유창성 연습을 포기하게 만듭니다.

유창성 훈련에서 놓치지 말아야 할 것은 긍정적인 피드백입니다. 일단 잘 읽은 부분을 먼저 칭찬해 주세요. 자연스럽게 띄어 읽은 부분이나, 한 번에 읽어 낸 어려운 단어가 있는지 하나라도 발견해서 알려 주세요. 아이들은 생각보다 자기가 무엇을 잘 해내고 있는지 스스로 발견하기 어려워합니다. 내가 무언가를 잘하고 있다고 느껴야 신이 나고, 또 할 마음이 먹어집니다. 유창성을 기르려면 같은 단어나 지문을 반복해서 읽어야 하는데 읽을 때마다 기분이 나빠지면 곤란합니다.

그렇다면 잘못 읽은 부분은 어떻게 할까요? 그 문장이나 단어만 다시 모범독으로 읽어 주고 따라 읽게 하면 됩니다. 탄식할 필요 없습니다. 그런 감정 소모는 접어 두고, 그럴 기운으로 다시 읽어 주고 따라 읽게 독려해 주세요.

slow, steady, special tip

- 모범독으로 읽어 줄 때, 발음, 띄어 읽기, 읽는 속도에 유념하며 정확하게 읽어 주세요.
- 어른이 모범독에 자신이 없다면 녹음되어 있는 자료를 활용합니다.

  ★ 부록에 있는 자료를 활용해 보세요.
- 아이가 잘못 읽은 부분을 지적하거나 혼내기보다는 잘 읽은 부분을 발견하여 칭찬해 주세요.

04

띄어 읽기를 연습해요

STEP 1

WHY – 왜 해야 할까요?

문장을 정확하게 읽는 것이 익숙해지면 띄어 읽기를 연습합니다. 강의 중에 "띄어 읽기는 왜 중요할까요?"라는 질문을 하면 다들 아래 문장을 자동으로 떠올리시더군요.

아버지가 방에 들어가신다.
아버지 가방에 들어가신다.

우리가 다 알고 있는 저 문장처럼 어디서 띄어 읽느냐에 따라 글의 의미는 완전히 달라집니다. 그래서 띄어 읽기는 대단히 중요합니다. 아이가 저렇게 엉뚱한 곳에서 띄어 읽는다면, 당연히 글을 읽고도 전혀 다른 내용으로 이해할 겁니다. 잘 띄어 읽는지를 소리 내어 읽어 보게 해서 확인하세요. 잘못 띄어 읽거나 어려워한다면 명확한 지도가 필요합니다.

STEP 2

HOW TO – 어떻게 할까요?

띄어 읽기도 단계적으로, 이해하기 쉽게 알려 줍니다. "잘 좀 띄어 읽어~"가 아니라 어떻게 띄어 읽는지를 구체적으로 알려 주세요. 띄어 읽기도 역시 어른의 모범독을 잘 듣고 따라 읽는 것부터 시작합니다.

1. 띄어쓰기대로 띄어 읽기

띄어 읽기를 처음 연습할 때는 띄어쓰기를 기준점으로 잡습니다. 즉 어절 단위로 띄어 읽기를 연습합니다.

곰이∨골짜기에서∨가재를∨잡고∨있었습니다.

이렇게 띄어 읽는 연습을 하면 나중에 띄어쓰기에도 도움이 됩니다. 의식적으로 소리 내어 띄어 읽다 보면 어절과 어절 사이, 그 찰나의 일시 정지가 느껴지지요. 그 감각과 기억이 쓰기를 할 때도 적용되면 띄어쓰기가 수월해집니다.

2. 문장부호에서는 반드시 띄어 읽기

문장부호 다음에서는 꼭 띄어 읽습니다. 국어 시간에 이 내용을 배우지만 아이들은 잊어버리더라고요. 마침표, 물음표, 느낌표 다음에서는 확실히 쉬고 나서 다음 문장을 읽습니다. 쉼표에서는 잠깐만 쉽니다. 이 잠깐만을 지키지 않았을 때, 결과는 놀랍습니다.

> 어서 들어, 가자.
> 어서 들어가, 자.

쉼표를 어디다 찍었는지, 즉 어디서 쉬는지에 따라 두 문장의 뜻이 완전히 달라집니다. 심지어 이 문장을 쉬지 않고 읽으면 "어서 들어가자."라는 제3의 문장이 되지요. 쉼표에서는 반드시 띄어 읽습니다. 이 기술은 수학의 문장형 문제에서도 요긴하게 쓰입니다.

> 재민이는 초콜릿 3개를 가지고 있고, 민국이는 재민이의 5배만큼 가지고 있습니다. 민국이가 가지고 있는 초콜릿은 모두 몇 개입니까?

아이들은 주르륵 읽고 모르겠다고 합니다. 문장이 너무 기니까요. 일단 무엇을 구하라는 것인지를 물어봐 주세요. 그건 대답할 것입니다. "민국이의 초콜릿 개수!"라고요. 문장을 다시 읽으며, 쉼표 앞에서 끊어 주면 재민이가 가진 초콜릿 개수가 눈에 들어옵니다. 재민이가 가진 초콜릿의 개수를 왜 이야기할까요? 민국이는 초콜릿을 재민이의 다섯 배만큼 가지고 있기 때문이죠.

이처럼 긴 문장형 수학 문제도 띄어 읽고, 끊어 읽는 기술이 필요합니다. 쉼표에서는 반드시 띄어 읽도록 연습합시다.

3. 중요한 문장성분 뒤에서는 띄어 읽기

어절 단위와 문장부호에 따른 띄어 읽기가 익숙해지면 의미 단위의 띄어 읽기로 넘어갑니다. 의미 단위의 띄어 읽기란 문장을 구나 절 단위로 띄어 읽는 것입니다. 의미 단위로 자연스럽게 띄어 읽으면 글 내용을 더 잘 이해할 수 있지요.

저학년 때는 문장의 길이가 짧습니다. 하지만 학년이 올라갈수록 꾸며 주는 말이나 시간과 공간을 나타내는 말이 붙으면서 길고 복잡해집니다. 6학년 국어 교과서의 지문을 한번 볼까요?

> 우리 조상의 넉넉한 마음과 삶에서 나온 지혜가 담긴 우리 전통 음식은 그 맛과 멋과 영양의 삼박자를 모두 갖추고 있습니다.

이 길고 긴 문장의 전체 주어는 '(우리 전통) 음식'입니다. 그 앞은 모두 주어를 꾸며 주는 말이지요. 이렇게 긴 문장을 처음부터 잘 띄어 읽는 아이는 거의 없습니다. 그러니 짧은 문장에서부터 중요한 문장 성분을 기준으로 띄어 읽기를 연습합니다.

• '누가, 무엇이'에서 띄어 읽기

글의 주어부에 해당하는 '누가', '무엇이' 뒤에서는 꼭 띄어 읽도록 합니다. 그래야 무엇에 관한 이야기를 하려는지 분명하게 보입니다. 주어가 아무리 짧아도 띄어 읽습니다. 주어 앞에 다른 수식어가 나온다면 띄어 읽고, 주어를 읽습니다.

오늘 아침∨나는∨…

• '무엇을'에서 띄어 읽기

목적어에 해당하는 '을', '를' 뒤에서도 띄어 읽습니다. 그러면 술어 부분이 자연스럽게 보이지요. 물론 목적어 앞에도 긴 수식어가 있거나, 목적어가 여러 개면 띄어 읽습니다.

오늘 아침∨나는∨따뜻한 국을∨먹었다.
오늘 아침∨나는∨따뜻한 국과∨김,∨나물 반찬을∨먹었다.

초등 아이들에게는 주어나 목적어라는 문법 용어를 알려 주지 않아도 됩니다. '누가', '무엇이', '무엇을(를)'로 충분합니다.

어른의 띄어 읽기만 듣고는 그대로 따라 하기 힘들어할 수도 있습니다. 그럴 때는 띄어 읽어야 하는 부분에 빗금이나 체크 표시를 해 주세요. 눈에 확실히 보이는 시각 단서를 주는 겁니다. 일정 기간 이렇게 연습하면 띄어 읽을 곳이 어디인지 스스로 감을 잡게 됩니다.

slow, steady, special tip

- 문장을 띄어 읽음으로써 글의 의미를 정확하게 파악할 수 있습니다.
- 어른의 모범독을 듣고 띄어 읽기를 적용하기 어려워할 수 있습니다. 이런 경우, 띄어 읽어야 하는 부분에 빗금이나 체크 표시를 해서 시각 단서를 제공해 주세요.
- 띄어쓰기와 읽기의 필요성을 알려 주는 재미있는 책을 읽어 보는 것도 도움이 됩니다.

★《왜 띄어 써야 돼?》(박규빈, 길벗어린이)를 추천합니다.

05

반복해서 읽어요

STEP 1

WHY – 왜 해야 할까요?

피아노, 줄넘기, 연산 능력 등 세상의 모든 기술은 반복을 통해 습득되지요. 유창성도 마찬가지입니다. 글에서 본 새로운 단어를 한 번만 읽어서는 나의 일견 단어가 되지 않습니다. 긴 문장은 여러 번 띄어 읽어 봐야 물 흐르듯 유창하게 읽을 수 있습니다.

그래서 새로운 글을 읽기보다 같은 글을 반복해서 읽어야 합니다. 오늘 모범독을 듣고 따라 읽기를 했다면, 하루나 이틀 뒤에 똑같은 글을 또 읽습니다. 그때는 혼자 읽기에 도전해도 좋지요. 하지만 반복의 최대 단점은 지겹다는 겁니다. 아마도 아이는 “어제

이거 읽었는데, 왜 또 읽어?"라고 할 테지요. 아이와 어른이 조금이라도 덜 지겹게 반복할 방법을 알려 드리겠습니다.

STEP 2

HOW TO – 어떻게 할까요?

1. 부모와 함께 소리 내어 읽기

혼자만 읽는 것은 외롭고 억울합니다. 합창하듯 같이 읽으면 힘이 나지요. 아이 혼자 너무 천천히 읽거나 후루룩 읽지 않으니 적정한 속도로 읽는 연습이 됩니다. 부모는 띄어 읽는 곳에서 나는 그냥 지나쳤고, 내가 띄어 읽은 곳에서 부모는 이어 읽는구나를 아이가 자연스럽게 경험할 수 있습니다. 이때, 아이 목소리보다 너무 작거나 크게 읽지 않도록 주의해 주세요.

2. 부모와 아이가 내기하며 읽기

누가 더 정확하게 읽는지 놀이하듯 활동해 봅니다. 시간을 재어 1분 동안 누가 더 정확하게, 많이 읽었는지 기록해 봅니다. 앞에서도 말했듯, 정확하게 읽기가 더 중요합니다. 같은 시간 동안 많이 읽었어도 틀린 글자가 많으면 점수가 깎인다는 점을 경험할 테지요. 그러면서 정확하게 읽기의 중요성을 익히면 됩니다.

3. 아이가 읽은 것을 녹음해 다른 가족들에게 피드백 받기

누나, 언니, 형, 오빠, 할머니, 할아버지에게 내가 이렇게 열심히 연습하고 있다는 것을 자랑할 기회가 됩니다. 부모가 주고 싶은 피드백을 다른 가족들을 통해 간접적으로 전달할 수도 있지요. 아이들은 같은 이야기도 부모가 아닌 타인을 통해 들으면 인정할 때가 많습니다. 단, 미리 가족들에게 아이의 나아진 점을 먼저, 수정할 부분은 그 뒤에 말해 달라고 부탁합니다. 동원할 수 있는 가족 수가 많을수록 반복과 피드백을 받을 기회는 늘어납니다.

4. 읽는 모습을 녹화해서 유튜브에 올리기

아이들은 유튜브를 사랑하지요. 유튜브의 소비자뿐만 아니라 생산자가 되는 체험, 교육적인 목적으로 활용하는 경험을 시켜 주세요. 아이의 읽는 모습과 소리를 촬영해서 나만의 채널에 차곡차곡 올려 봅니다. 그리고 유창성의 발전이 보이는 콘텐츠는 다시 보기를 합니다. 같은 글을 처음 어설프게 읽었을 때와 능숙하게 읽게 된 때를 객관적으로 비교하며 볼 수 있어 큰 동기부여가 됩니다. 단, 아이의 사생활 보호를 위해 해당 영상이나 채널은 비공개로 설정해 주세요. 가족과 지인들에게만 오픈합니다.

반복해서 소리 내어 읽기는 유창성뿐만 아니라 읽기 이해력도 향상시킵니다. 이해가 안 되는 문장을 소리 내서 여러 번 읽었을 때 이해되는 경험은 부모도 해 봤을 겁니다. 느린 아이들에게 반복해서 소리 내어 읽기는 아무리 강조해도 지나치지 않습니다. 요즘은 읽기 유창성의 중요성에 공감하며 여러 기관에서 유창성 연습 자료들을 제공하고 있습니다. 부록에 있으니 활용해 보세요.

slow, steady, special tip

- 반복 읽기 횟수는 최소 세 번 이상, 많을수록 좋으나 정해진 횟수보다는 일정 수준에 도달할 때까지 반복해서 읽는 것이 효과적입니다(정확도 95퍼센트 이상).
- 반복의 지겨움을 덜고, 객관적 피드백을 하기 위해 다양한 방법(녹음, 게임, 촬영)을 함께 사용해 보세요.

06

기발하고 아름다운 동시를 읽고 써요

STEP 1

WHY – 왜 해야 할까요?

어른들이 읽기 자료로 잘 활용하지 않는 텍스트가 있습니다. 바로 동시인데요. 아마도 시라는 장르가 낯설거나, 어른 스스로도 시를 좋아하지 않기 때문일 겁니다. 누구나 어릴 때 재밌게 읽은 그림책, 감동 받은 동화책에 대한 기억은 있습니다. 하지만 나의 마음에 진정으로 남아 있는 시를 떠올리는 분은 드뭅니다. 시험을 위해 직유법이니, 은유법이니, 시상이니 하는 것들을 달달 외웠던 기억만 남아 있을 뿐, 좋아하지는 않지요. 그러니 어른이 된 후로도 따로 시를 찾아서 읽지 않게 됩니다.

하지만 시야말로 느린 아이의 읽기와 쓰기를 위한 최적의 텍스트 중 하나입니다. 우선 분량이 짧습니다. 한 페이지 안에 글자가 많이 안 들어가 있어서 시각적, 심리적 압박이 덜하지요. 그래서 만만하게 읽을 수 있습니다. 반면 내용은 재미나고 유익한 것들로 가득합니다. 의성어, 의태어를 비롯해 기발하고 아름다운 표현들이 동원되니까요. 특히 동시는 아이들이 직접 쓴 것도 있고, 그들의 눈높이에 맞췄기에 느린 아이가 공감하기 쉽습니다.

STEP 2

HOW TO – 어떻게 할까요?

다음의 동시를 함께 볼까요?

빗방울

송창일

비 오는 날
빗방울들이
빨랫줄 위에서
동동동
줄타기 연습하오.

뒤에 오는
빗방울 하나
앞선 놈 밀치다
뚜-욱 -딱
둘이 다 떨어져요.

무심코 지나칠 빗방울을 이토록 자세히 관찰한 덕택에 재미있는 시 한 편이 완성되었습니다. 멈춰 있는 빗방울이 '동동동'이라는 의태어를 만나 아슬아슬 줄타기 선수로 변신했네요. 빗방울이 합쳐지는 모습도 위트있게 표현했지요. 시는 이렇게 주변의 모든 것들이 소재가 되고, 아기자기한 표현들로 가득합니다. 그래서 많은 것을 얻을 수 있는 귀한 읽고 쓰기 교재랍니다. 그럼 시를 어떻게 활용해 볼까요?

1. 동시를 소리 내어 읽어요

제가 읽기 유창성을 많이 강조했지요? 동시는 소리 내어 읽기에 안성맞춤입니다. 운율과 재밌는 표현은 소리 내어 읽었을 때 그 맛이 제대로 살거든요. 분량도 적으니 소리 내어 읽기에 부담이 없습니다. 동시에는 같은 단어가 반복되니 일견 단어를 형성하기에도 좋습니다. 유창하게 읽기가 아직 어려운 아이들은 어른이 먼저 한 문장씩 읽고, 따라 읽도록 해 주세요. 이 과정에서 띄어 읽기도 자연스럽게 연습이 됩니다. 시는 이어서 읽으면 느낌이 살지 않습니다. 띄어 읽기가 제대로 되었을 때 시의 맛이 살아납니다.

2. 동시를 그대로 써 봐요

수강자 중에 아이와 함께 시를 필사한다는 분이 계셨습니다. 위에서 말씀드린 시의 매력을 알고 계신 어머님이라 반가웠습니다. 그런데 곧잘 따라 쓰던 아이가 어느 순간부터 재미가 없다고 하더랍니다. 알고 봤더니 윤동주 시인의 시를 따라 쓰게 하셨더라고요. 윤동주 시의 문학적 가치야 말해 뭐하겠습니까만, 시대적 배경에 대한 이해나 삶의 굴곡을 거치지 않고서는 그 시의 맛과 가치를 느끼기가 어렵습니다. "하늘을 우러러 한 점 부끄럼이 없기를 / 잎새에 이는 바람에도 나는 괴로워했다"라는 구절은 초등학생에게 와 닿기가 쉽지 않지요.

아이들에게는 동시가 제격입니다. 분량도 따라 쓰기 만만하고, 표현과 재미는 그들의 수준과 욕구에 딱 맞춰져 있습니다.

3. 동시를 바꿔 써 봐요

동시를 읽고, 베껴 써 보기가 익숙해지면 이번엔 직접 동시를 써 봅니다. 처음부터 창작은 어렵지요. 패러디부터 시작합니다. 원래 있던 시에서 몇 가지만 바꿔 써 보는 겁니다.

원숭이

최승호

말썽꾸러기
원숭이 귀를 잡아당기자
원숭이가 이상한 소리를 지르네

아야
아야어여오요우유으이

이 시의 소재는 원숭이인데요, 아이가 좋아하는 다른 동물로 바꿔서 나만의 시를 쓰자고 해 보세요. 코끼리를 선택한다면 우선 코끼리를 아이가 다시 정의하는 것부터 합니다. 원숭이는 이런저런 장난을 피우니 말썽꾸러기라고 했겠지요? 코끼리에게도 다른 이름을 붙여 주는 겁니다. 아이들은 소방관을 떠올리더라고요(예전에 숱하게 불렀던 그 노래 때문일까요?).

(예) 코끼리

코끼리는 소방관
코끼리 긴 코를 잡아당기자
코끼리가 물을 뿜네

푸우 뿌우 파악 푸푸푸

코끼리의 신체적 특징인 긴 코를 잡아당기면 물이 나올 것 같습니다. 그리고 그 물소리를 표현해 보면 그럴듯한 시가 됩니다. 이렇게 써 보면 동시, 거뜬히 쓸 수 있습니다.

4. 동시를 외워 봐요

읽고 쓰기로 친숙해진 동시를 암송하기까지 도전해 봅니다. 읽고 쓴 동시를 모두 외울 필요는 없고요, 유난히 아이가 맘에 들어 했던 것부터 시도합니다. 처음부터 분량이 있는 동시를 한 번에 다 외우려고 하면 곤란합니다. 짧고 쉬운 동시 하나를 정해 만만하게 시작해 보세요. 느린 아이들의 기억력 향상에도 도움이 됩니다.

이렇게 외워 두면 글쓰기를 할 때 그 표현을 기억해서 쓰기도 합니다. 물론 한 번 외웠다고 모든 표현이 다 기억나지는 않지요. 그래서 암송도 반복이 필요합니다. 오늘은 부모와 단둘이 암송해 보고, 다음번에는 가족들 앞에서 암송해 봅니다. 혼자서만 암송을 하면 억울하지요. 그러니 '가족과 함께 하는 시 낭독회'를 추천합니다. 내가 가장 좋아하는 시, 가족들에게 들려주고 싶은 시를 서로 서로 읽어 줍니다. 외워서 하면 가장 좋고, 보고 해도 괜찮습니다. 아이가 외우고 있는 시를 부모가 낭독하면서 일부러 틀리기도 해 보세요. 아이가 잘 기억하고 있다면 놓치지 않고 알려 주겠네요. 이렇게 자연스럽게, 즐겁게, 함께 반복하는 것이 핵심입니다.

slow, steady, special tip

- 동시를 패러디해서 쓰는 것을 어려워한다면 어떤 부분은 남겨 두고, 어떤 부분을 새로 쓸지 정해 주면 좋습니다.

  (예) 원숭이를 다른 동물로 바꿔 볼까? 코끼리로 바꾼다면, 코끼리의 특징은 뭘까? 그 코로 뭘 한다고 쓸까? 그때 소리나 모양은 어떨까?

- 동시 암송은 혼자보다 친구들이나 가족들과 함께 해 주세요.

07

이야기를 순서대로 정리해요

STEP 1

WHY – 왜 해야 할까요?

아이들은 이야기책의 내용을 순서대로 말하거나 요약하기를 많이 어려워합니다. 읽었으나 세부 내용이 잘 기억나지 않기도 하고, 중요한 사건이나 인물과 덜 중요한 것을 구분하지 못하기도 하지요. 이야기의 순서를 섞어서 말하기도 하고, 너무 세세하게 다 말해서 요약이 아닌 장광설이 되어 버리기도 합니다.

이야기를 차례대로 정리하는 능력은 여러모로 중요합니다. 인물, 사건, 배경을 담고 있는 이야기글은 어떤 인물에게 특정 사건이 일어나고, 우여곡절 끝에 해결하는 구조입니다. 사건은 대개 시간의 순서에 따라 배치되어 있지요. 자세히 살펴보면 사건의 원인이 있고 원인은 결과를 낳습니다. 착한 나무꾼이 연못에 나무 도끼를 빠뜨렸으나 사실대로 말해서(원인) 산신령은 금도끼와 은도끼를 주었습니다(결과). 그 뒤, 욕심쟁이 이웃은 거짓말을 했고(원인) 자신의 유일한 도끼마저 잃게 되었지요(결과). 이렇듯 순서를 제대로 짚을 수 있다면 내용을 파악하기가 쉽습니다. 결국 이야기의 순서를 제대로 짚을 수 있다는 것은 내용을 잘 기억하고 이해했다는 증거이기도 합니다. 핵심 사건과 인물을 빼놓지 않고 말할 수 있다면 책 내용을 잘 파악했다고 볼 수 있습니다.

STEP 2

HOW TO - 어떻게 할까요?

그렇다면 순서대로 이야기하고, 중요한 것만 추려서 배열하는 것은 어떻게 연습하면 좋을까요?

1. 순서를 헷갈려한다면 그림으로 순서 잡기부터

사건의 앞뒤, 상황의 전후를 헷갈려하는 아이들이 은근 있답니다. 그런 경우 책으로 연습을 시작하면 기본기가 안 되어 있기에 아이와 어른 모두 힘듭니다. 그러니 그림 자료를 순서대로 배열하고 말하는 연습부터 충분히 합니다. 다음과 같은 4~6컷짜리 그림 자료를 출력해서 순서를 바꿔 놓습니다.

출처 : 핀터레스트

아이가 그림을 관찰할 시간을 주고, 순서대로 배열하게 합니다. 그러고 나서는 장면을 문장으로 말하게 합니다. 그림의 개수는 아이의 수준에 맞춰서 조절합니다. 위와 같은 그림 자료는 '핀터레스트'에서 '시퀀스'로 검색하면 다양하게 얻을 수 있습니다.

2. 이야기 순서가 명확한 그림책을 골라 연습하기

그림 자료의 순서 배열에 익숙해졌다면 이제 그림책을 가지고 연습해 봅니다. 이 연습에서는 시간의 흐름을 나타내는 말이 많이 들어 있고 이야기나 순서가 명확히 보이는 그림책을 선택하세요. '어느 날 아침', '그날 저녁', '며칠 뒤'와 같은 구절이 많이 들어 있는 이야기를 고르면 됩니다. 예를 들어, 《팥죽 할머니와 호랑이》는 어느 날 호랑이가 할머니를 찾아오고 그 뒤로 각종 물건들이 할머니를 도와주러 나서는 덕분에, 나중에 다시 찾아온 호랑이를 물리치게 되는 이야기입니다. 사건의 순서가 잘 보이는 구조이지요.

순서가 명확한 그림책을 읽고도 어려워한다면 다시 한번 그림 자료를 이용해도 됩니다. 그림책의 주요 장면 몇 가지를 핸드폰으로 찍어 출력합니다. 중요 사건을 고르기 힘들어하기 때문에, 일단은 여러 사건 중 핵심 사건을 뽑아 그림으로 보여 주는 거지요. 그리고 1번에서처럼 순서를 배열하고 말하도록 하면 됩니다. 아이가 이를 문장으로도 쓸 수 있다면 시도해 봅니다.

3. 긴 글은 분량을 나누거나 핵심 사건을 적은 문장으로 힌트 주기

문고판이나 동화책 같이 줄글로 된 책으로 넘어가면 한 책에 담긴 에피소드가 많습니다. 그래서 순서대로 정리하기가 만만치 않지요. 이런 경우 몇 개의 에피소드만 읽어 봐도 됩니다.

처음에는 어떤 것부터 말해야 할지 주저하거나, 핵심 사건과 부차적인 사건의 구분을 힘들어할 수 있으니 관련된 문장들을 출력해 주세요. 그리고 아이가 골라 보게 합니다. 《만복이네 떡집》의 경우, 여러 떡이 나오다 보니 줄줄이 떡 이야기만 하게 되기 쉽습니다. 그러니 다음 장의 예시처럼 여러 문장을 출력해서 섞어 두고 가장 중요한 문장을 다섯 개만 고르게 합니다.

다섯 개만 선택해야 하니, 읽으면서 더 중요한 사건이나 전체 내용을 포함하는 문장을 보는 눈이 생깁니다. 난이도를 올린다면 문장의 순서를 섞은 후 재배열해도 됩니다. 그다음 단계로는 처음과 끝 문장만 주고 나머지를 스스로 말해보도록 합니다.

- 키 크고 잘생긴 만복이란 아이가 있었습니다.
- 그러나 만복이는 친구들에게 나쁜 말을 하고, 선생님에게도 화를 냈습니다.
- 만복이는 은지에게 심한 말을 했어요.
- 그런 만복이 앞에 만복이네 떡집이 나타났습니다.
- 떡집에는 신기한 떡들이 있었습니다.
- 만복이는 찹쌀떡을 먹고 입이 달라붙어서 욕을 못하게 됩니다.
- 친구들에게 무언가를 빌려주고 바람떡 두 개를 먹었습니다.
- 쑥떡을 먹고는 장군이의 생각을 알게 됩니다.
- 만복이는 떡을 먹고 자신의 문제점을 알게 되며, 고칩니다.

4. 부모와 한 문장씩 주고받으며 이야기 순서 정리하기

문장을 쓰거나 출력하기가 번거롭다면 말로 때워도 됩니다. 어른이 먼저 시작하는 문장을 말합니다. "만복이는 못된 말과 미운 행동만 하는 아이였어요."라고 스타트를 끊어 주고 아이에게 넘깁니다. 그러면 아이가 이어지는 이야기를 하겠지요? 그 뒤를 다시 어른이 이어받으면 됩니다. 이때, 연결 고리 역할을 하는 표현을 덧붙이면 아이도 이어받기가 쉽습니다.

만복이는 못된 말과 미운 행동만 하는 아이였어요.

그런데 어느 날 학교에서….

이렇게 덧붙이면 아이는 학교에서 만복이에게 벌어졌던 에피소드 중 하나를 골라서 이야기할 것입니다. 그러면 다시 "하굣길에 자기 이름과 똑같은 '만복이네 떡집'을 보게 되었지요. 그곳에서…." 라고 덧붙이며 순서를 넘깁니다.

물론 이 과정에서도 일정 기간은 아이가 덜 중요한 에피소드를 이야기하거나 중언부언할 수 있습니다. 하지만 어른의 핵심 문장을 계속 들으면서 조금씩 정리가 될 것이니 인내심을 갖고 꾸준히 해 보길 권합니다.

slow, steady, special tip

- 그림책의 주요 장면을 핸드폰으로 찍어 활용해 보세요.
- 문장을 쓰거나 출력하기 어렵다면 아이와 줄거리를 한 문장씩 주고받으며 말해 보세요.

08

인물의 성격과 마음을 짐작해요

STEP 1

WHY – 왜 해야 할까요?

이야기글에서 인물은 사건을 일으키고 해결합니다. 좀 더 구체적으로 말한다면 인물의 성격과 마음, 특징 때문에 특별한 사건이 일어납니다. 우리가 잘 아는 《효녀 심청》의 경우, 아버지가 눈이 안 보이는 신체적 특징을 가졌기에 물에 빠졌지요. 눈이 보였더라면 아무 일도 일어나지 않았을 겁니다. 심청이가 효심이 가득한 성정이었기에 아버지의 무모한 약속을 대신해 인당수에 빠지는 극적인 사건도 일어납니다. 이렇듯 인물을 잘 파악하면 사건을 납득하게 되고 이야기를 잘 따라갈 수 있습니다.

이야기의 인물이 꼭 사람만 있지는 않지요. 동물, 식물, 강아지 똥, 텔레비전 같은 사물도 이야기를 이끌어가는 주체이기에 모두 인물입니다. 아이들은 인물이라는 단어의 범용적 뜻을 잘 모르기도 하고 낯설어하지요. 그림책 《크록텔레 가족》의 주인공은 텔레비전이지만, 아이들은 텔레비전이 인물이 아니라고 생각하더라고요. 학년이 올라갈수록 아이들이 읽는 책 속의 인물은 다양해지고, 숫자도 늘어납니다.

STEP 2

HOW TO – 어떻게 할까요?

인물의 성격과 마음은 어떻게 알 수 있을까요? 저학년 글에는 직접적으로 드러나 있어서 찾기가 쉽습니다. 《욕심쟁이 딸기 아저씨》처럼 아예 대놓고 제목에서 인물의 성격을 알려 주기도 하니까요. "친구가 나와 놀아 주지 않아 외로웠어요."라고 말하는 문장이 있다면, 이 주인공이 외로워한다는 사실을 바로 알 수 있죠.

하지만 학년이 올라갈수록 글은 불친절해집니다. 글에 직접적으로 나와 있지 않은 인물의 성격이나 마음을 짐작해 보라고 하거든요. 아이들이 어려워하는 추론입니다. 그러니 추론을 할 수 있는 단서, 확실한 힌트를 찾는 방법을 알려 주세요.

1. 인물의 행동에서 힌트를 찾아라

성격이 급한 사람은 행동이 빠르고, 느긋한 사람은 천천히 움직이죠. 즉, 성격대로 행동합니다. 이걸 좀 더 쉽게 아이의 경험과 연결해 주세요. "엄마(아빠)는 말이 빠르지? 성격이 급해서 그래."처럼요. 이렇게 성격과 행동의 연관성을 쉽게 설명해 줍니다. 글에도 인물의 성격을 알려 주는 행동들이 있다고 알려 주세요. 다음과 같은 것들을 해 보면서 말입니다.

1. 인물의 행동을 나타내는 문장을 모두 찾기
2. 그 중에서 성격과 관련 있는 문장 골라내기
3. 그 문장을 통해 어떤 성격일지 이야기 나누고 단어로 정리하기

단, 처음에는 인물의 성격이 잘 드러나는 페이지를 보여 주고 찾게 합니다. 글 전체에서 찾으라고 하면 엄두가 안 나거든요.

2. 인물의 말에서 힌트를 찾아라

아이들은 컨디션이나 기분이 좋으면 "지금 숙제 해야지?"라는 말에 "네, 엄마!"라고 부드럽게 대답합니다. 짜증이 나 있거나 힘든 상태라면 거친 말이 나오죠. "아, 진짜. 맨날 숙제, 숙제!" 이렇듯 말에는 기분과 감정이 들어가 있습니다.

1. 인물의 말을 다시 보기
2. 인물의 말에서 감정을 나타내는 단서 찾기
3. 그 단서가 어떤 감정을 나타내는지 말해 보기

인물의 행동이나 말에 기분과 감정이 간접적으로 드러난 문장을 발견하면 꼭 한번 해 보세요. 아이가 감정이나 성격을 표현하는 어휘를 잘 모른다면, 감정 단어표나 성격을 나타내는 단어 리스트를 보여 주고 고르게 해도 좋습니다. 인터넷에 '감정 단어', '성격 단어'라고 검색해서 초등학생용 어휘로 정리한 것을 이용해 보세요.

3. 만화에서 추론하기

만화에서는 말이나 행동뿐만 아니라 여러 장치로 인물의 마음과 성격을 표현합니다.

아래의 컷을 보면, 얼굴에 그려진 땀방울이 '당황스러움'을, 커진 동공이 '놀란 마음'을 나타내지요. 뒷배경을 어둡게 해서 절망스러운 마음을 표현했습니다. 인물의 대사도 다양하게 활용하는데

출처: 초등 4학년 1학기 국어 교과서

요, 위와 같이 말줄임표를 쓰기도 하고, 글자를 크게 써서 깜짝 놀란 마음을 표현합니다. 대사를 넣은 말풍선의 모양이 심리와 상황을 나타내기도 해요. 속마음을 뜻하는 말풍선을 보면, 말풍선 자체가 울퉁불퉁해서 불안한 기분을 보여 주기도 하죠. 아이들은 학습만화를 좋아하니 이런 만화적 기호와 배경을 보며, 인물의 마음과 성격을 추론하는 활동을 해 보세요.

이야기글을 읽으면 나와 다른 생각과 마음을 가지고, 나와 다르게 행동하는 사람들을 간접적으로 경험할 수 있습니다. 이를 통해 사람과 상황에 대한 이해를 넓힐 수 있지요. 또 사람들이 하는 말과 행동에는 나름의 이유가 있음을 알게 됩니다. 위의 작업을 통해 읽기뿐만 아니라 타인과 상황을 이해하게 되어 인간관계와 사회성에도 도움을 받을 수 있습니다.

slow, steady, special tip

- 감정 단어나 성격 단어를 미리 뽑아 놓고 고르게 해 주세요.
- 감정 단어나 성격 단어는 추상어라 어렵습니다. 아이의 경험이나 실제 사례로 쉽게 설명해 주세요.

(예) '괴팍하다'는 '까다롭고 별나다'라는 뜻입니다. 실제 주변에 괴팍한 사람이 보이는 행동과 상황을 알려 주면 도움이 됩니다.

09

학습만화와 영상을 활용해요

STEP 1

WHY – 왜 해야 할까요?

읽기 능력과 어휘력, 배경지식을 위해서 텍스트로 된 자료를 같이 읽거나 직접 경험을 하면 가장 좋지만 매번 그러기는 힘듭니다. 부모도 해야 할 일이 산더미처럼 쌓여 있으니까요. 5학년부터 배우는 역사의 경우, 어른도 사실 자신이 없습니다. 너무 많은 인물과 지금은 쓰지 않는 물건, 제도에 관한 것들이라 아이들은 관심 없어 하지요.

이럴 때는 잘 정리된 학습만화나 영상을 활용하는 것도 도움이 됩니다. 누군가가 쉽고 재미있게 설명해 주면 단어나 내용이 잘 이해되고 기억하기도 쉽지요. 구성이나 어휘도 아이 눈높이에 맞춰져 있으니 잘 활용한다면 좋은 자료가 됩니다.

STEP 2

HOW TO - 어떻게 할까요?

아이들은 시청각 자료를 좋아하지요. 어른도 안심하고 보여 줄 수 있는 것이면 더할 나위 없이 좋겠습니다. 어른과 아이 모두 만족할 만한 시청각 자료를 몇 가지를 소개합니다. 믿고 볼 수 있는 EBS의 대표적인 역사, 과학 콘텐츠를 활용해 보세요.

1. EBS 〈역사가 술술〉

우리나라 역사의 주요 사건과 인물을 이야기 형태로 구성한 콘텐츠입니다. 한 편당 시간이 9분 이하로 짧고, 총 76편이 있으니 아이가 관심 있어 하거나 해당 학년에 배우는 것을 골라서 볼 수 있다는 장점이 있습니다. 게다가 무료입니다. 어른이 봐도 재미있고요, 역사 입문용으로 제격입니다. 한 편씩 보고 제목과 등장인물, 나온 단어들을 써 보는 활동도 해 보면 좋겠지요.

날짜	제목	나온 인물	새로 알게 된 단어/내용
2024.7.11	암행어사의 대명사인 박문수	박문수, 영조	마패, 양반
:	:	:	:

아이가 단어나 내용을 잘 말하지 못하더라도 괜찮습니다. 꼭 알았으면 하는 단어나 내용을 다시 말해 주고 설명해 주세요. 그리고 써 보게 하면 됩니다. 표의 모든 칸을 다 채우지 않아도 괜찮습니다. 아이의 나이, 현 수준에 맞춰 제목만 써 봐도 됩니다.

2. EBS 〈과학할고양〉

우리 생활 속 친숙한 소재를 자세히 관찰하여 영상으로 보여줍니다. 더불어 관련된 과학 상식을 자연스럽게 전달합니다. 휴지의 원료는 나무라는데, 크고 뻣뻣한 나무에서 어떻게 작고 부드러운 휴지가 만들어지는지 그 과정을 천천히, 시각 자료로 보여 줍니다. 콩나물, 팝콘, 거품, 지우개 등 친숙한 물건 속에 담겨진 과학 상식이 14분 미만의 영상으로 제공됩니다. 집중해서 보기 적당한 시간입니다. 단, 여기에도 종종 어려운 단어나 다소 높은 수준의 질문이 나옵니다. 그것까지 다 알아야 하는 것은 아니니 어려운 부분에서 아이의 주의가 흐트러져도 넘어갑시다.

3. 기타 콘텐츠

내용이 알찬 예능이나 다큐, 라디오 프로그램을 통해 어휘나 배경지식을 얻을 수도 있습니다. 저희 아이는 라디오 듣기와 KBS1 방송 프로그램 보기가 취미였어요. 자주 들었던 라디오 채널이 CBS였는데, 이 방송은 특정 노래들을 반복해서 틀어 줍니다. 진행자들은 주로 천천히, 부드럽게 말을 하고요. 아마 그래서 아이가 좋아했나 봅니다. DJ가 들려주는 노래를 들으며 노래 제목의 뜻을 묻기도 하고, 청취자가 보낸 사연에서 나오는 단어나 관용어들을 궁금해 했습니다. 하루는 〈환희〉라는 노래가 나왔는데, 제목의 뜻을 묻더라고요. 저는 '기쁨'의 한자어라고 알고 있었는데, 찾아보니 정확한 뜻은 '큰 기쁨'이더라고요. 아이 덕분에 저도 확실한 뜻을 알게 되었습니다. "네 덕분에 엄마도 하나 배워 가네." 했더니 그 뒤로도 계속 질문이 이어졌습니다.

며칠 뒤에 또 같은 노래가 나오니 아이는 다시 물었습니다. 잘 쓰지 않는 단어이다 보니 장기 기억에 들어가지 않았던 모양이죠. 하지만 이 채널의 특성상 일주일 뒤에 〈환희〉가 또 나오더라고요(심지어 같은 날, 다른 시간대 프로그램에서 나온 적도 있습니다). 그러다 보니 마침내 어느 날은 〈환희〉를 들으며 아이가 먼저 "엄마, 환희는 큰 기쁨이라는 뜻이지?"라고 기억해 냈습니다. 그날 저는 환희를 제대로 느꼈습니다.

TV 프로그램 중 아이가 자주 봤던 것은 〈6시 내 고향〉이었어요.

이것도 생각해 보니 본인이 느끼기에 진행 방식이 편안한 프로그램이라 좋아했던 것 같습니다. 비속어를 쓰거나 아주 빠른 말투로 진행되지 않거든요. 요일마다 진행되는 코너가 정해져 있기에 자연스러운 반복도 가능했습니다. 〈6시 내 고향〉은 수요일마다 '수산물'이라는 코너에서 지역마다, 철마다 잡히는 다양한 수산물을 소개합니다. 수산물이라는 범주어와 해삼, 멍게, 전어와 같은 세부적인 하위어를 자연스럽게 익히더라고요. 목요일에는 '떴다! 내 고향 닥터'를 하는데, 외진 곳에 사는 어르신을 의사가 찾아가 무료로 진료를 해 줍니다. 그러니 질병이나 증상과 관련된 단어에 자연스럽게 노출되고요.

물론 이건 저희 아이의 특성이고 하나의 예입니다. 여러분도 아이의 흥미에 맞는, 도움이 되는 콘텐츠를 찾아 보세요. 어휘와 배경지식을 습득하는 유용한 도구가 됩니다. 독서 교육 전문가들이 학습만화와 영상물만 보면 줄글로 된 책을 안 읽는다고 걱정을 하지요. 맞는 말씀입니다. 하지만 아무것도 안 읽는 것보다는 검증된 콘텐츠라도 보는 게 낫습니다. 단순히 보는 게 아니라, 읽듯이 보면 됩니다. 게임만 하기보다 학습만화라도 보면서 배경지식이나 어휘를 한두 개라도 건지면 됩니다.

다 차치하고, 여가로서 학습만화와 영상을 본다면 허용해 주세요. 입장 바꿔 생각해 봅시다. 내가 쉬는 시간에 드라마 좀 보겠다는데 같이 사는 누군가가 "왜 그런 허접한 것을 보고 그래? 교양 프로그램을 봐야 상식이 늘지 않겠어?" 하면 기분이 어떨까요? 여가로서 본다면 좀 내버려 둡시다.

slow, steady, special tip

- 가급적 아이의 취향이나 관심사와 연결된, 검증된 교육 콘텐츠부터 시작해 보세요. 아이는 즐겁게 보고, 어휘와 배경지식을 자연스럽게 만나게 됩니다. 보는 활동이지만 읽기와 같은 효과를 누릴 수 있습니다. 거기서 쌓여 가는 단어와 개념도 공책에 적어 봅니다. 페이지가 쌓여 가면서 아이의 자신감도 함께 올라갑니다.
- 이 공책을 다른 가족들에게도 보여 주고, 자랑하게 해 주세요.

10

쉽게 쓰인 글을 읽어요

STEP 1

WHY - 왜 해야 할까요?

다른 아이들을 보면, 제 학년에 읽어야 한다는 필독서는 물론이고 고전도 읽는다고 합니다. 하지만 우리 느린 아이는 자기보다 낮은 학년 수준의 책도 읽지 않지요. 읽기 힘들기도 하고 세상에는 책보다 재미있는 것이 더 많으니까요. 우리 아이도 《홍길동전》, 《돈키호테》, 《난중일기》를 읽을 수 있다면 얼마나 좋을까요? 이 이야기들과 관련된 배경지식을 갖게 된다면 더할 나위 없이 좋겠습니다. 그런데 그게 가능한 일일까요?

다행히 방법이 있습니다. 몇몇 기관에서 느린 학습자를 위한 책을 만들고 있거든요. 일명 '읽기 쉬운 책'이라고 하는데요. 문해력에 어려움이 있는 사람들도 쉽게 이해할 수 있도록 제작했답니다. 언어재활사, 특수교육 전문가, 작가뿐만 아니라 느린 학습자 당사자도 이 책을 제작하는 데 참여했다고 합니다. 그렇다면 어디에서 이런 자료들을 접하고, 활용할 수 있을까요?

STEP 2

HOW TO – 어떻게 할까요?

느린 학습자를 위해 제작되고 있는 '읽기 쉬운 책'의 특징은 다음과 같습니다.

1. 이해하기 쉬운 단어 사용

어려운 어휘보다 일상에서 사용하는 단어로 표현했습니다.

(예) "관격이 났어유, 아이구 배야!"

→ "배탈이 났어요, 아이구 배야!"(읽기 쉬운 책 - 봄봄)

2. 단순하고 속도감 있는 이야기 구조

너무 긴 묘사나 서술을 자제하고, 사건 중심으로 이야기를 풀어줍니다. 등장인물이 많을 경우, 어느 인물이 한 대사인지 얼굴 그

수정 전	수정 후
런 창식이네 가족에게 불행이 닥친 건 작년이었습니다. 잘 나가던 아빠였는데 어느 날 지방 출장을 가다가 그만 고속도로에서 교통사고가 나 두 다리를 절단하는 장애를 입고 만 것입니다. "사실, 우리 아빠 장애인이야." "그래서 살림이 어려워졌구나." 민철이는 남의 일 같지 않았습니다. 팔에 안고 있는 똘망이 머리만 쓰다듬어 주었습니다. "그런 뒤에 우리가 이렇게 가난해진 거야." 민철이는 갑자기 4층 하고도 옥상에 있는 옥탑방인 창식이네 집이 생각났습니다. "너희 아빠 장애인인데 어떻게 옥탑방에 살아? 계단 못 올라가잖아." 그 말에 창식이는 잠시 머뭇거렸습니다. 그러더니 뭔가 결심한 듯 말문을 열었습니다. "엄마랑 아빠가 이혼했어. 아빠가 제발 이혼해 달랬어." "……." "그래서 엄마가 나랑 같이 사는 거야. 우리 아빠는 지금 장애인 시설에 계셔." *<개탐정 민철이 중에서>*	창식이 아빠는 교통사고로 크게 다쳤었습니다. 그래서 뽀삐처럼 두 다리를 자르게 되었습니다. "아빠가 크게 다치신 후 우리 집이 가난해졌어. 그리고 사정이 있어서 아빠는 지금 다른 곳에 사셔." *<읽기 쉬운 책 -개탐정 민철이 중에서>*

출처: 발달장애인용 읽기 쉬운 책 개발 지침, 국립장애인도서관

림을 표시해 줘서 쉽게 알 수 있습니다.

3. 간결한 문장구조와 길이

문장을 너무 길게 쓰지 않으며, 주어가 분명하게 드러나도록 능동문을 사용합니다. 하나의 문장에 가급적 하나의 주어와 서술어를 썼습니다. 이를 통해 문장의 뜻이 쉽게 이해되지요.

놀란 민철이는 접수대 위의 전화기로 가서 전화를 걸었습니다. 걸 때마다 재빨리 받던 전화였는데 웬일로 통화가 되지 않았습니다. 한참 신호가 가도 묵묵부답이었습니다. <개탐정 민철이 중에서>	민철이는 뽀삐의 주인에게 전화를 걸었습니다. 그런데 아무도 받지 않았습니다. <읽기 쉬운 책- 개탐정 민철이 중에서>

출처: 발달장애인용 읽기 쉬운 책 개발 지침, 국립장애인도서관

4. 내용 이해를 돕는 추가적인 정보

이야기가 길면 쫓아가기도 힘들고, 사건들이 뒤죽박죽되기 쉽습니다. 그래서 전체 내용을 에피소드별로 쪼개고 해당 제목을 달아 줬습니다. 제목은 그 글의 핵심어이면서 주요 내용을 담고 있지요. 에피소드별 제목을 먼저 읽고 시작하면 어떤 일이 벌어질지 예상이 됩니다. 그래서 읽기가 편합니다.

그림 자료도 이해에 큰 도움이 되지요. 중간 중간 흥미롭되 집중에 방해되지 않는 삽화를 넣었더라고요. 아이들의 생활연령과

3. 소년과 소녀가 소풍을 가다.

소년과 소녀는 논 사이의 길로 들어섰다.

가을이라 허수아비가 서 있었다. 소년이 허수아비에 달린 줄을 흔들었다. 참새가 몇 마리 날아간다. 소년은,

'참, 오늘은 일찍 집으로 돌아가서 집안 일을 도와야 하는데.'

하는 생각이 든다.

"야, 재밌다!"

4. 꽃과 소녀, 추억을 만들다.

산이 가까워졌다.

단풍이 눈에 따가웠다.

"야아!"

소녀가 산을 향해 달려갔다. 이번은 소년이 뒤따라 달리지 않았다. 그러고도 곧 소녀보다 더 많은 꽃을 꺾었다. 소년은 소녀에게 꽃을 보여주며,

"이게 들국화, 이게 싸리꽃, 이게 도라지 꽃, ……."

출처: 발달장애인용 읽기 쉬운 책 개발 지침, 국립장애인도서관

자존심을 고려해 '유치하지 않기'도 필수입니다.

5. 가독성 좋은 글자 사용

글자의 형태도 읽기 심리에 영향을 미칩니다. 그래서 글자 크기는 11~13포인트로 다소 크게, 글자체도 가독성이 좋은 폰트를 사용했습니다.

읽기 쉬운 책은 대표적으로 아래 세 개 기관을 통해 이용할 수 있습니다.

• 국립장애인도서관

국립장애인도서관에서는 2022년부터 읽기 쉬운 책을 제작해

국립장애인도서관에서 발간한 읽기 쉬운 책들

서 여러 기관에 배포하고 있습니다. 책 목록과 소장 기관도 사이트에 안내되어 있으니 집과 가까운 곳에서 이용해 보세요. 국립장애인도서관 내 '장애인정보누리터'라는 공간에도 읽기 쉬운 책이 마련되어 있습니다. 문해력 수준에 따라 레벨2는 초등 저학년이 읽을 수 있는 '쉬운 읽기', 레벨3은 중학교 수준의 '보통 읽기'입니다. 《사람을 구하는 개 천둥이》를 비롯한 몇 권은 두 종류의 레벨을 모두 제공하고 있답니다. 장애인도서관은 시각, 청각, 지체 장애인만 이용하는 것으로 알고 계셨을 듯하네요. 우리 아이들을 위한 자료들도 매해 추가로 제작되니 활용해 보면 좋겠습니다.

· 피치마켓

피치마켓은 2015년부터 나이, 속도, 인지 능력, 개별적인 환경에 관계없이 누구나 읽을 수 있는 쉬운 글 콘텐츠를 꾸준히 만들어오고 있습니다. 잡지 형태의 매거진 〈피치〉, 쉬운 글로 제작된 문학서, 실용서뿐만 아니라 다양한 교육과 프로그램을 진행한답니다. 초등 느린 학습자를 대상으로 한 책 읽기 모임, 온라인으로 배우는 경제 교육, 느린 학습자를 위한 전시 해설, 전문 셰프가 개발한 쉬운 레시피를 보고 직접 요리해 보기 등 다양한 프로그램을 재미있는 방식으로 운영하고 있지요. 저도 여기에서 느린 학습자를 만나고 있습니다. 경제 교육과 대중교통 이용법 프로그램을 진행했지요. 제가 중요하게 생각하는 생활문해력과 관련된 교육이라 더욱 열심히 활동했답니다.

피치마켓 발간물에는 어른과 느린 아이가 글을 읽으며 나눌 수 있는 질문거리가 제공됩니다. 부모들은 아이와 책을 읽으며 어떤 질문을 해야 하는지 막막하다고 합니다. 좋은 질문은 두뇌를 깨운다고 하던데, 이런 종류의 질문을 만들기가 쉽지 않지요. 이 무거운 고민을 덜어 주니 반갑습니다. 이 책의 질문은 부모와 아이 모두에게 부담스럽지 않더라고요. 책 내용을 일일이 확인하는 취조 질문이 아니라, 책동무들이 나눌 법한 내용입니다. 책과 아이의 생활을 연결해 주는 형태가 많아 이야기를 나누는 즐거움도 얻을 수 있지요. 문고판 크기라 손으로 잡기도 편하고, 겉모습은 그림책 같지 않아 아이의 자존심을 지키기에도 좋습니다. 책을 펼치면 그림과 글이 드문드문 있어 읽기가 만만하지요.

그뿐만 아니라, 온라인 플랫폼인 '피치서가'에 접속하면 다양한 주제에 걸쳐 300개가 넘는 스토리를

만날 수 있습니다.

피치서가 접속 화면

· 읽기 쉬운 자료 개발 센터 '알다'

발달장애인이 일상에서 필요한 중요 정보를 쉽게 이해하고, 이를 바탕으로 선택이나 결정을 하는 데 디딤돌이 되는 자료를 만들고 있습니다. 살아가는 데 알아 두면 좋은 정보, 꼭 알아야 하는 제도나 복지서비스를 주로 다루더라고요. 그런데 자세히 보니 아이들에게도 해당되는 내용이 꽤 있습니다. 나의 건강과 안전을 지키는 방법, 학교 폭력 대처법, 학교생활, 감정 등 여러 연령과 주제의 자료가 PDF로 제공됩니다. 쓰기 활동을 할 수 있는 활동지도 올라와 있습니다.

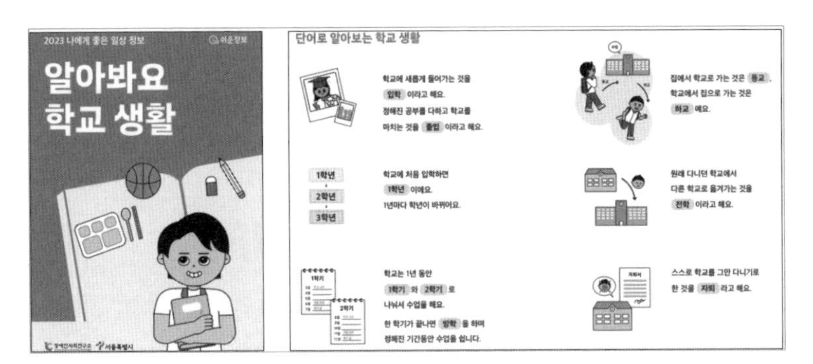

알다에서 제공하는 읽기 쉬운 자료

앞서 소개한 자료들처럼, 앞으로 더 많은 곳에서 느린 학습자를 위한 콘텐츠에 관심을 갖고 제작해 주기를 기대해 봅니다.

slow, steady, special tip

- 쉬운 글을 읽으며 읽기의 즐거움과 자신감을 갖게 해 주세요.
- 쉬운 글만 읽으면 안 된다는 의견도 있지만, 쉬운 글이라도 계속 읽으며 배경지식과 어휘를 얻으면 됩니다.

11

게임으로 추론을 배워요

STEP 1

WHY – 왜 해야 할까요?

책수다의 효과 중 하나는 생각의 과정을 보여 줄 수 있다는 거였지요. 이를 통해 글에 직접적으로 나와 있지 않은 것들을 짐작하는, 추론하기를 알려 줄 수 있고요. 하지만 아이가 혼자서 추론하며 글을 읽기는 만만치 않답니다. 그래서 독백하듯 부모가 추론의 과정을 들려주는 것부터 먼저 하고, 아이가 좀 익숙해지면 추론적 질문을 해 보자고 했지요.

추론 연습 과정을 덜 힘들고 재미있게 할 수 있는 방법이 있습니다. 추론의 영역이 글에만 해당되는 것은 아니거든요. 찾아보면 생활에서, 또 다양한 도구로 추론을 경험해 볼 수 있습니다. 글이 아닌 다른 방법으로 뇌에 추론의 불을 켜지게 해 봅시다. 그러면 글을 읽을 때도 그 기능을 써먹을 수 있을 겁니다.

STEP 2

HOW TO – 어떻게 할까요?

아이와 일상에서 놀이처럼 해 볼 수 있는 다양한 추론 활동을 소개합니다.

1. 수수께끼

우리가 흔히 경험하는 추론 중 하나는 '수수께끼'입니다. 수수께끼의 사전적 정의는 '어떤 사물에 대해 바로 말하지 아니하고 빗대어 말하여 알아맞히는 놀이'입니다. 빗대어 말하기가 바로 추론의 단서입니다. 이 단서를 질문으로 주고, 뇌에서 추론의 회로를 돌려 답을 맞히는 거지요. "이것은 과일이고, 빨간색, 동그란 모양입니다."에서 "사과!"라고 말하고 싶지만 다음 단서가 있다면 기다려야 합니다. 범위를 좁혀 나가는 작업이 필요하지요. "두 글자이고 겉에 구멍이 많이 나 있어요."라고 말하면 답은 '딸기'가 되지요. "구멍 난 사과도 봤어!"라고 내 마음대로 우기거나 아무것이나 말하면 안 됩니다. 단서를 무시하면 안 되고, 누구나 고개를 끄덕일 만한 답이어야 하지요. 수수께끼는 놀이로 느껴지니 생각하기를 싫어하는 아이들도 좋아합니다. 수수께끼를 통해 어휘력도 함께 키울 수 있으니 일거양득입니다.

수수께끼도 여러 종류가 있지요. 하나의 단서만 주어질 수도 있고, 위의 예시처럼 여러 단서를 줄 수도 있습니다. 머릿속에서 범위를 좁히고, 단서와 관련된 내 배경지식을 동원해야 합니다. 은근히 두뇌를 쓰는 활동입니다. 반대로 맞히는 사람이 질문을 하는 스무고개 방식도 있습니다. 이때는 내가 단서가 되는 질문을 만들어야 합니다. 답을 가지고 있는 사람의 '예', '아니요'만을 듣고 맞혀야 하니 더 어렵습니다. 내가 단서에 접근하는 문장을 다양하게 만들어 봐야 하고 그것들을 잘 기억해야 하니까요.

언어치료 수업에서 쓰는 '빠진 정보 추론하기'도 일종의 수수께끼입니다.

소정이는 아인 언니와 함께 《흔한 남매》 시리즈가 있는 곳으로 갔다.
언니는 1권을, 소정이는 2권을 빌렸다.

위 문장에서 소정이의 성별과 이들이 있는 장소를 묻는 것이 빠진 정보 찾기 활동입니다. 글에는 직접적으로 나와 있지 않지만 '아인 언니'와 '책을 빌렸다'라는 단서로 소정이는 여자, 두 사람이 있는 장소는 도서관이라고 합리적으로 추론할 수 있지요.

2. 그림 추리북

추론이라는 어려운 말을 썼지만 아이들에게 익숙한 표현은 추리입니다. 추리소설에 흥미가 없거나 어려워한다면 그림 추리북부터 해 보면 어떨까요? 제가 소개해 드리고 싶은 책은《범인 찾기 추리북》시리즈입니다. 이 책은 굉장히 흥미로운 구성 방식으로 사건의 범인을 찾게끔 되어 있어요. 책 뒷면에 용의자 카드를 끼우고, 피해자와 관계자의 증언을 읽습니다. 그 증언에 해당되지 않는 용의자들은 컬러 창문을 닫아서 얼굴을 가리는 방식으로 용의선상에서 제거하죠. 예를 들어 "어떤 언니, 오빠가 살금살금 몰래 나갔어요. 둘 다 안경은 안 썼어요."라는 증언을 읽었다면, 안경 쓴 사람의 창문을 닫습니다.

16개의 엉뚱하고 기발한 사건이 재밌기도 하고, 손을 움직이며 게임처럼 하니 더 즐거워하더라고요. 혼자서 증언을 다 읽기 어려워한다면 부모가 같이 읽어 줘도 됩니다. 듣기가 잘 안되는 아이들에게 청각 집중력을

《학교 범인 찾기 추리북》, 허현경, 계림북스

훈련하는 계기도 됩니다. 이 시리즈는 총 네 권이 나와 있고요. 아이들의 성화로 아마 계속 나오지 않을까 싶습니다.

3. 보드게임

아이들은 보드게임을 좋아하는데, 친구들이랑 하기가 쉽지 않지요. 반응 속도도 느리고, 규칙을 이해하는 데 시간이 걸리니까요. 대신 가족들과 해 보면 됩니다. 특히 추론 능력을 필요로 하는 보드게임을 해 보세요.

앞서 말한 범인 찾기를 스무고개 방식으로 하는 보드게임이 있답니다. 'GUESS WHO'라는 게임은 서로 맞힐 사람 카드는 숨겨 두고, 질문을 하면서 맞혀야 합니다. 이런 종류를 장벽 게임이라고 하는데요. 게임을 하는 사람들 간에 장벽을 두어 눈에 보이는 시각 정보를 차단한 다음 상대방이 지정한 것을 찾아내는 방식입니다. 오로지 질문으로만 정답을 찾아내야 하니 정보를 정확히 요구하는 것이 관건입니다. 명확하게 설명하는 연습도 됩니다. 또한 상대의 정보를 잘 듣고, 기억해서, 추론해야 하니 일석삼조의 보드게임입니다.

숫자를 맞히는 대표적 장벽게임으로는 '다빈치코드'가 있습니다. 두뇌 게임 TV 프로그램에도 자주 나오는데요. 숫자의 크기도 비교하면서 서로 가진 숫자를 합리적으로 추론하면 됩니다. 추론은 이렇게 즐겁게 게임으로 해 볼 수 있습니다.

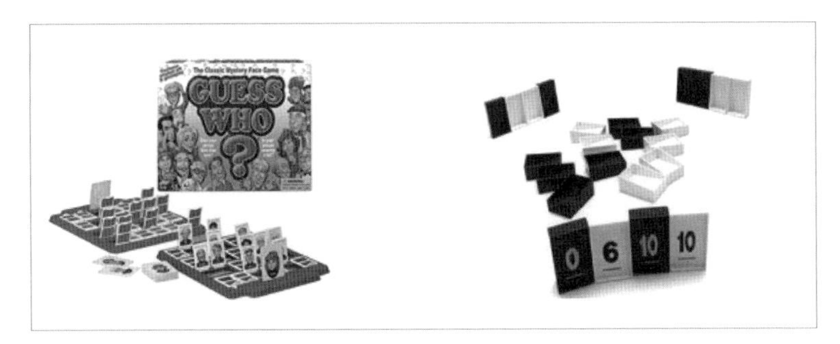

보드게임 'GUESS WHO'(좌)와 '다빈치코드'(우)

slow, steady, special tip

- 추론은 어렵지만 일상에서 게임으로 접하면 즐겁게 익숙해집니다. 수수께끼, 스무고개, 추론용 보드게임을 활용해 보세요.
- 'GUESS WHO'는 '핀터레스트'에 있는 그림 자료를 출력해서 활용해도 됩니다(검색어: GUESS WHO). 한 장을 출력해서, 부모는 속으로 인물 한 명을 정하고 아이는 이 인물이 누구인지 맞히는 질문을 하게 하세요. (예) 남자인가요? 안경을 썼나요?
  반대로 해 봐도 됩니다.
- '다빈치 코드'는 꼭 사지 않아도, 숫자 카드를 만들어 집에서 해 볼 수 있습니다.

12

말한 내용을 그대로 글로 써 보아요

STEP 1

WHY – 왜 해야 할까요?

우리가 쓰기에 대해 가지고 있는 두 가지 생각이 있습니다. 첫 번째는 읽기 실력이 어느 정도 갖춰져야 쓰기가 가능하다고 생각해서 쓰기를 최대한 늦추는 겁니다. 분명 읽기는 쓰기의 재료가 되기에 읽기 능력이 좋은 아이들 중에는 쓰기를 잘하는 경우가 꽤 있습니다. 그렇다 보니 읽기가 부진한 아이와는 아예 쓰기를 시도하지 않거나, 최소한의 제한된 쓰기만을 하게 되지요. 독후감이나 일기는 학교에서 숙제로 나오니 옥신각신하며 겨우 끝냅니다.

두 번째는 모름지기 글은 문법에 맞춰서 써야 한다고 생각하는 것입니다. 말과 달리 글은 일정한 규칙과 문법이 있지요. 그런데 자연스럽게 문법을 익히기 어려워하는 느린 아이이다 보니 글이 이상합니다. 자꾸 어색한 글을 쓰니, 이걸 어디서부터 어떻게 가르쳐야 할지 난감하지요.

하지만 느린 아이의 경우 이 두 가지 생각에 갇혀 있으면 쓰기의 세계로 발을 내딛을 수가 없습니다. 공부, 숙제와 관련된 글쓰기가 전부라면 쓰기가 더욱 싫어집니다. 그리고 문법과 맞춤법을 초기부터 들이대면, 느린 아이는 글을 쓸 때마다 유능감이 훼손됩니다(이건 느리지 않은 아이들에게도 그렇습니다).

STEP 2

HOW TO – 어떻게 할까요?

처음에는 말과 글을 분리하지 마세요. 내가 한 말이 글이 되는 경험을 충분히 해 봐야 합니다. 아이가 한 말을 그대로 적어서 보여 주면, 내 말이 글로 변신하는 것을 보게 되지요. 아이의 말이 문법적으로 좀 어색하거나 잘못되었을 수도 있습니다. 그래서 글로 옮기면 고쳐 주고 싶은 생각이 계속 듭니다. 하지만 글쓰기가 처음이거나 쓰기를 좋아하지 않거나 두려움이 있는 경우라면, 처음에는 무조건 아이 말 그대로를 적어 주거나 적게 합니다. 그래야 아이가 '말이 글이 될 수도 있구나, 나도 끄적거릴 수 있겠다'라는 확신을 얻게 됩니다. 글쓰기는 이런 기세로 시작합니다.

어떤 주제에 대해 간략히 말해 보고 그걸 그대로 적어 주거나, 아이가 쓰게 합니다. '가장 좋아하는 요일과 그 이유는?'처럼 아이가 쉽게 말할 수 있는 주제면 좋습니다. 말한 내용이 기억나지 않을 수 있으니 녹음을 해도 되고요. 녹음된 자신의 말을 한 문장씩 듣고, 글쓰기 공책에 그대로 적어 보게 합니다. 글의 제목은 '내가 좋아하는 요일'이라고 달아 주고 오늘의 글쓰기를 끝냅니다. 제목을 먼저 쓰고 글을 써도 되고, 다 쓰고 제목을 달아도 됩니다. 제목을 먼저 쓰면 내가 무엇을 쓰고 있는지에 대한 확실한 기준점이 잡힙니다. 다 쓰고 제목을 달아 본다면, 내용에 맞는 적절한 제목을 쓰는 연습이 되지요. 이때 생각하지도 못한 재밌는 제목을 다는 아이들도 있습니다.

이렇게 글을 다 쓰고, 아이가 제목을 스스로 말하고 쓸 수 있다면 완벽한 마무리가 됩니다. 하지만 제목 달기는 내가 쓴 글을 몇 개의 단어로 요약하는 작업이라 만만치 않습니다. 천천히 연습하는 과정과 시간이 필요하지요. 매일 혹은 틈틈이 주제를 정해 간단히 이야기한 것을 글로 옮깁니다. 내 말이 글로 한 장 한 장 변하여 쌓이는 것을 보면 '나는 글을 쓸 수 있는 아이'라는 인식이 싹틉니다.

2장에서 이야기한 '왜 써야 하나?(why)'를 이 단계에서 많이 경험할수록 좋습니다. 아이가 필요한 것, 부모에게 부탁하고 싶은 것을 말과 글로 표현하도록 합니다. 예를 들어 아이가 "나도 스마트폰 사 줘!"라고 한다면, 스마트폰이 필요한 이유 ○가지(개수는 아이의 수준에 따라 정하기)를 말하고 글로도 쓰게 합니다. 부모는 '너의 설명에 납득이 되면 사 줄지 고민하겠다'라고 말해 주세요('사 주겠다'는 아닙니다. 스마트폰을 사 주는 시기는 이 책에서 다루지 않지만, 분명한 기준과 이유가 필요합니다). 부모들은 종종 알아서, 미리 해 줍니다. 아이를 사랑하기 때문이지만 이 신속함과 세심함이 아이의 성장을 더디게 할 수도 있습니다.

긍정적 감정을 느껴 보는 것도 글쓰기의 강력한 동기가 될 수 있습니다. 사랑하는 가족의 생일에 아이가 직접 카드나 편지를 써 보도록 독려해 주세요. 글씨가 좀 어설프고 표현이 매끄럽지 못하면 어떤가요. 가족들에게 미리 아이의 노력을 따뜻하게 봐 달라고 부탁하는 게 부모의 역할입니다. 나의 글을 반갑게 받아 주고, 그 어떤 선물보다 기뻐하는 표정을 보면서 또 쓰고 싶은 마음이 듭니다. 이와 관련해서는 '33. 우리 가족의 문화를 만들어요'에서 더 자세히 다룹니다.

slow, steady, special tip

- 글쓰기가 처음인 경우, 아이들의 말이 문법에 맞지 않거나 어색해도 이 단계에서는 다듬지 않습니다.
- 글쓰기가 어렵지 않다, 글을 쓸 수 있다는 자신감과 글에 대한

긍정적인 이미지를 심어 주는 것이 목표입니다. 생활에서 간단한 글쓰기를 자꾸 연결해 주세요(기념일 편지나 카드 쓰기, 내가 필요한 것을 말해 보고 이유 쓰기 등).

13

글 다림질을 연습해요

STEP 1

WHY – 왜 해야 할까요?

말을 글로 옮기는 게 익숙해지면 다듬기의 단계로 넘어갑니다. 아무리 심하게 구겨진 옷이라도 물을 뿌리고 다리미가 지나가면 매끈하게 펴지지요. 어설픈 아이의 문장도 다듬기를 배우면 결국 그럴듯한 문장이 됩니다. 다림질도 배워야 잘할 수 있듯, 글 다듬기도 마찬가지입니다. 《노인과 바다》를 쓴 유명한 작가 헤밍웨이도 "초고는 쓰레기다."라고 했습니다. 너무 극단적인 표현이 아닌가 싶지요? 처음 쓰고 난 뒤 다듬고 또 다듬어야 제대로 된 글이 나온다는 의미랍니다. 아이의 어설픈 글에 실망하지 마세요. 다듬고 정리하는 작업을 천천히 가르쳐 주고, 그 과정을 함께한다면 분명 발전합니다.

STEP 2

HOW TO – 어떻게 할까요?

다림질에도 순서가 있지요. 다리미판을 펴고 옷을 놓습니다. 그 다음 분무기에 물을 넣고 다리미 전원을 켜서 온도를 맞춰야 합니다. 물을 많지도 적지도 않게 적당히 뿌리고, 드디어 다림질을 하지요. 마찬가지로 글을 다듬는 데도 단계가 있습니다. 우선 자기가 쓴 문장을 소리 내어 읽어 보게 합니다. 그리고 어색한 부분을 찾아 보게 합니다. 마지막으로 고쳐 보게 합니다. 글쓰기의 가장 마지막 단계인 '퇴고'입니다. 처음에는 두세 문장 분량에서 간단한 퇴고를 해 봅니다. 반드시 소리 내어 읽어 봐야 이상한 부분을 발견할 수 있습니다. 글쓰기가 직업인 작가들도 자기 글을 쓰고 나서 소리 내어 읽어 봅니다. 눈으로 읽었을 때는 발견하지 못한 오류들이 신기하게 이때 튀어 나옵니다.

물론 처음부터 아이가 찾아내지 못할 수 있습니다. 문법 지식이 부족해서 시제나 조사에서 오류를 인지하지 못하거든요. 입말과 글말의 차이를 아직 잘 모르기도 하고요. 하지만 이것도 책이나 교과서의 정확한 문장을 많이 보고 경험하면 좋아집니다. 절대 저절로 좋아지진 않습니다. 본보기가 되는 좋은 문장들을 소리 내어 읽어 보면 됩니다. 소리 내어 읽기는 아무리 강조해도 지나치지 않습니다. 말로는 잘 했는데, 옮겨 쓰는 과정에서 집중력의 문제로 잘못 적을 수도 있습니다. 하지만 쓴 문장을 소리 내어 읽어 본다면, 스스로 실수를 발견합니다.

스스로 찾고 혼자서 고칠 수 있다면 제일 좋지만, 이 두 가지가 한꺼번에 되기는 어렵습니다. 다림질을 처음 해 보는 사람은 다리미 전원부터 꽂고, 다리미판을 펴느라 낑낑거리고, 옷을 올려놓고 나서야 분무기에 물을 넣지요. 오랫동안 달궈진 다리미가 너무 뜨거워 놀라기도 하고, 분무기 물을 너무 적게 뿌려 주름이 펴지지 않는 시행착오도 겪습니다. 문장과 글 다듬기도 마찬가지입니다. 하나씩 하나씩 자세하게 알려 주어야 합니다.

아이가 쓴 글을 고치기부터 하면 아이는 지적받는 느낌이 들지요. 세세하게 다 수정하면 글을 쓰기 싫어집니다. 느린 아이들은 지적에 상당히 민감합니다. 그러니 칭찬해 줄 부분을 먼저 발견해서 인정해 주고, 눈에 띄는 한두 개 정도만 고쳐 줍니다.

또 하나의 방법은 같은 주제에 대해 부모도 짧은 글을 쓰는 것입니다. 그리고 일부러 몇 개의 문장을 틀리게 적습니다. 부모가 직접 쓴 문장 "나는 가위를 종이를 잘랐다."를 소리 내어 읽고, "아, 뭔가 이상하네. 어디를 고쳐야 되지? 아, 맞다. '가위로'구나!"라고 혼잣말로 틀린 부분을 짚거나, 아이에게 도움을 청해 봅니다.

다리미가 너무 뜨거우면 옷이 망가지고, 물을 너무 많이 뿌리면 다림질을 오래 해야 해서 팔이 아프지요. 글 다듬기를 할 때도 부모가 너무 고치면 아이의 글이 아니라 부모의 글이 됩니다. 그런 작업은 그 자체로도 고되어서, 아이 글쓰기를 봐줄 생각에 머리도 아프고 힘이 듭니다. 지속 가능한 쓰기가 되려면 너무 뜨겁지 않게, 너무 흠뻑 젖지 않게 가야 합니다.

slow, steady, special tip

- 아이가 문장을 자연스럽게 고치기 어려워한다면, 객관식으로 제시해 줘도 됩니다.

  (예) '나는 가위를 종이를 잘랐다'를 잘 고친 것은?

  ① 나는 가위가 종이를 잘랐다.

  ② 나는 가위로 종이를 잘랐다.

  ③ 나는 가위를 종이로 잘랐다.

  ★ 보기는 세 개 이하로 준다.

- 고쳐 주는 것도 필요하지만 잘 쓴 부분도 꼭 발견해서 인정해 주세요.
- 모든 문장을 다 수정하거나, 문장의 모든 부분을 다 수정하지는 말아 주세요. 글 다림질을 하다 아이 마음이 데이면 곤란합니다.

14

바른 자세로 글씨를 써요

STEP 1

WHY – 왜 해야 할까요?

제가 만난 느린 아이들은 글씨를 예쁘게 쓰는 것에 큰 관심이 없더군요. '내가 이런 글자를 쓸 줄 안다', '쓰기 숙제를 끝냈다'라는 사실에 만족합니다. 아이의 모습을 자세히 들여다 보니, 소근육이 받쳐 주지 않는 경우도 꽤 많았습니다. 그러니 아이는 쓰는 시간이 어서 지나가기를 바라지요. 글씨만 그런 것이 아닙니다. 색칠을 할 때도 꼼꼼히 칠하기보다는 선 밖으로 나가기도 하고, 다양한 색을 쓰기보다는 얼른 끝내기 바쁩니다.

느린 아이의 글씨에 대해 현실적인 기대를 합시다. 다른 아이들보다 덜 발달된 소근육과 이로 인한 낮은 동기를 인정해 주세요. 그래야 아이를 도울 방법과 목표점을 제대로 설정할 수 있습니다. 글씨에 대한 잔소리보다는 소근육 강화 활동들을 자주 경험시켜 주는 것이 더 효과적입니다. 부모의 머릿속에 있는 예쁜 글씨의 이미지는 지워 버리는 편이 나을 수도 있습니다. 느린 아이의 글씨는 남들이 알아볼 수 있는 정도면 됩니다. 어쩌면 지금 필체를 유지하기만 해도 성공입니다. 놀랍게도 아이 일생 동안 가장 예쁜 글씨가 1학년 때였다고 간증하는 부모들이 꽤 많습니다.

STEP 2

HOW TO – 어떻게 할까요?

소근육도 약하고 예쁜 글씨에 대한 욕구도 없다면 다른 방법을 강구해 봐야죠. 우선 좋은 연장을 챙겨 줍시다. 연필심이 가늘수록 글씨를 쓸 때, 힘과 조절력이 많이 필요합니다. 힘을 많이 안 들여도 죽죽 써지고 잘 지워지는 연필을 주세요. 이런 이유로 학교에서 초등 1학년은 2B 연필을 사용합니다(H보다는 B가 부드럽고, 숫자가 클수록 더 진합니다). 쓰기가 익숙하지 않아 지우는 일도 빈번히 일어나지요. 지우개는 힘을 많이 들이지 않아도 쓱쓱 지워지는 것으로 준비해 주세요. 개인적으로는 학년이 올라가도 굵은 심 연필을 쓰는 걸 추천합니다.

연필을 바로 잡아야 글씨를 쓸 때 힘도 들어가고, 편하게 쓸 수 있습니다. 엄지와 검지, 중지로 연필을 잡는 3점 잡기가 제대로 되고 있는지 살펴보세요. 3점 잡기를 알려 줘도 잘 안된다면 연필교정기의 도움도 받아 봅니다. 손가락을 끼우는 형태부터 3개의 손가락을 두는 위치에 홈이 파여 있는 것까지 다양한 디자인이 있습니다. 혹시 아이가 연필교정기는 티가 나서 싫다고 한다면, 교정연필을 들이밀어 봅니다. 연필 자체에만 홈이 파여 있으니 아이의 체면을 유지해 주겠네요. 손힘이 약해서 동그란 연필을 잡기가 힘들다면 삼각형 연필도 있습니다.

느린 아이들은 글씨가 오르락내리락 파도를 타거나, 크기가 커졌다 작아졌다 하는 일도 비일비재합니다. 그래서 1학년 아이들에게만 허락되는 특별한 공책이 있습니다. 칸마다 십자 점선이 있는 깍두기 공책입니다. 글자의 모양, 간격, 크기를 조절하는 데 도움을 주는 공책이지요. 1학년이 아니어도 집에서 글쓰기를 할 때 이 공책을 계속 사용해 보세요. 투명한 종이를 이용해 잘 쓴 글씨를 베껴 쓰는 연습을 해 봐도 좋습니다. 학년이 올라가면 줄 노트를 쓰는데, 생각보다 줄 간격이 좁습니다. 선생님과 사전에 이야기가 된다면, 좀 더 넓은 줄 노트를 사용하는 것도 방법입니다.

소근육도 괜찮고, 좋은 연장을 쥐여 줬는데도 글씨가 많이 흐트러진다면 연필 잡는 법과 필순, 모양을 다잡는 시간을 가져 봅니다.

1학년 초에 학교에서도 알려 주지만 수업 시간에는 충분히 연습하기가 어렵지요. 학기 중에 많이 바쁘다면 방학을 이용해 보세요.

1. 연필 잡는 바른 자세 알려 주기

❶ 허리를 일직선으로 폅니다.

허리를 세워야 글자를 조금 떨어진 위치에서 볼 수 있고, 글자의 균형을 잡기가 쉽습니다.

❷ 엄지와 검지로 연필심에서 2.5cm 떨어진 곳을 가볍게 쥡니다. 가운데 손가락의 첫째 마디로 연필의 아랫부분을 받칩니다.

2.5cm를 잴 필요까지는 없고, 대략 연필의 나무 부분이 끝나는 곳에서 살짝 위를 엄지와 검지로 쥐면 됩니다. 가운데 손가락이 지지대가 되어 주고요. 중지의 첫째 마디보다 더 내려가게 연필을 잡으면 손톱과 손톱 옆 살에 닿아 글씨를 쓰면 쓸수록 아픕니다. 간혹 엄지와 검지, 중지로 한꺼번에 연필을 잡고, 네 번째 손가락이 지지대가 되는 아이가 있는데 그러면 손목이 꺾이고 역시 글씨를 쓸수록 아픕니다.

❸ 연필 위쪽 끝은 10시 방향으로 둡니다.

부모가 시범을 보여 주세요. 연필대를 너무 세워서 쓰는 경우가 꽤 있습니다. 그러면 손목에 무리가 갑니다. 그래서 팔이 아프다고 하는 건데, 사실 손목이 아픈 거죠.

2. 글자 필순 다시 잡기

아이가 빨리 쓰거나 다른 필순으로 쓰면서 엉뚱한 글자로 바뀌곤 하는 대표적인 자음을 알려 드립니다. 똑바로 쓰라는 말은 느린 아이에게는 무의미하고 모호합니다. 획순을 다시 한번 명확히, 친절하게 알려 주고 연습하게 해 주세요.

자음자	잘못 쓴 예시	명확한 설명
ㄷ ① ②	한 획으로 빨리 쓰면서 ㄹ로 변신	오른쪽 옆으로 선을 긋고, 그 밑에 'ㄴ'을 딱! 붙여 쓰자.
ㄹ ① ② ③	첫 번째 가로선을 짧게 쓰면서 'ㄴ'으로 변신	'ㄱ'을 쓰고 그 아래 'ㄷ'을 만나게 해 주자.
ㅁ ① ② ③	한 번에 쓰면서 각지게 쓰지 않아 'ㅇ'으로 변신	선을 밑으로 긋고, 'ㄱ'을 쓰고, 마무리로 닫아 주자.
ㅂ ① ② ③ ④	첫 번째 가로선을 너무 위로 붙여 쓰면서 'ㅁ'으로 변신	선 두 개를 밑으로 긋고, 중간을 이어 주고, 밑을 닫아 주자.
ㅌ ① ② ③	'티'를 쓸 때 'ㄷ'을 먼저 쓰고 중간 가로선을 모음 쪽에 붙여 써서 '더'로 변신	선 두 개를 옆으로 긋고, 'ㄴ'으로 마무리!

3. 좋아하는 단어를 쓰게 하면서 동기부여 해 주기

글씨체를 잡겠다고 많은 분량을 필사시키면 득보다 실이 큽니다. 처음 한두 문장은 정성 들여 쓰겠지만 갈수록 대충 쓰게 되고, 글씨 쓰는 일이 고역으로 느껴지겠지요. 아이가 쓰는 글자 중에 유난히 모양이 흐트러지는 것이 있는지 관찰해 보세요. 그리고 아이가 좋아하는 단어 중에 그 글자가 들어간 것을 쓰게 해 주세요. 좋아하는 노래 제목, 캐릭터 이름, 과자 이름… 무엇이든 좋습니다.

글씨체는 내가 잘 쓰고 싶다는 마음이 들어야 교정됩니다. 잘 쓴 글씨가 보이면 호들갑을 듬뿍 넣은 반응을 보여 주세요. 형광펜으로 별표도 마구 칠하고요. 물개 박수도 과하지 않습니다. 스스로 글씨를 잘 쓰고 싶다는 내적 동기가 아직 생기기 전이니까요. 어쩌면 어떤 아이는 평생 그 내적 동기가 생기지 않을지도 모릅니다. 지금은 부모의 칭찬이라는 강력한 외적 동기가 아이의 글씨체를 변화시킬 수 있는 시기입니다. 좀 더 학년이 올라간다면 주관식으로 쓴 내 답이 글씨체 때문에 오답으로 처리되면서 동기부여가 될 수도 있겠지요.

다른 아이의 글씨와 비교하는 마음은 고이 접어 두세요. 재차 강조하지만 느린 아이의 글씨는 알아볼 수 있을 정도면 됩니다. 글씨를 너무 세세하게 교정하려다 쓰는 것에 대한 거부감이 생기면 큰일입니다.

slow, steady, special tip

- 연필 잡는 법을 이해하기 어려워하거나 교정이 어렵다면 교정기를 이용하세요.
- 많은 양의 필사는 오히려 역효과가 납니다. 단, 몇 글자라도 가지런히 쓰는 것을 목표로 두세요.

15

손가락의 힘을 키워요

STEP 1

WHY – 왜 해야 할까요?

연필로 글씨를 잘 쓰기 위해서는 소근육이 제대로 발달해야 합니다. 그런데 발달에도 순서가 있답니다. 손의 경우 손목 → 손 전체 → 손가락 순서로 발달합니다. 아이들이 젓가락이나 연필을 잡을 때 처음에는 손 전체로 감싸 쥐다가 차츰 손가락을 써서 세밀하게 잡게 되는 것도 그 때문이지요.

아이가 글씨를 쓸 때 손이 아프다고 하면 어른들은 잘 믿지 않습니다. 하지만 아이들 입장에서는 진심입니다. 앞서 말한 잘못된 연필 잡기는 손목과 손가락에 통증을 유발합니다. 손과 손가락 힘이 부족하거나 조절이 잘 안 되면 상체에 힘이 들어가고 어깨가 긴장합니다. 자세가 잘못되어 있다면 몇 자 안 써도 손이 아픕니다.

느린 아이들은 소근육이 천천히 발달하다 보니 글씨 쓰기 같은 활동을 어렵게 여길 수 있습니다. 힘들어하는 글씨 쓰기를 무리하게 하기보다는 근본적으로 손과 손가락의 힘을 키워 주세요. 초등학교에 들어가면 글씨 쓰기뿐만 아니라 소근육을 써야 하는 상황이 정말 많이 벌어집니다. 가위로 오리고 붙이기, 딱풀 뚜껑을 열고 닫기, 우유팩 혼자 뜯어서 먹기, 학교 젓가락으로 급식 먹기…. 능숙한 소근육은 자신감 있는 학교생활의 지원군이 됩니다.

그런데 안타깝게도 요즘 아이들은 전반적으로 소근육이 점점 약해지고 있더라고요. 어렸을 때부터 터치 방식의 디지털기기를 많이 사용하다 보니 그렇습니다. 다섯 손가락을 다양하게 사용하는 경험이 적어졌지요. 음료수 뚜껑을 열거나, 우유를 컵에 따르는 일도 대신 해 주는 부모들이 많습니다. 그런 아이들을 자세히 보면 많이 쓰지 않아 손가락이 가느다랗고 흐물흐물합니다.

STEP 2

HOW TO – 어떻게 할까요?

아이들에게 생활과 관련된 소근육 훈련을 꾸준히 시켜 주세요.

우리 주변을 관찰해 보면 소근육을 연습할 기회가 차고 넘친답니다. 앞서 말한 가위질, 음료수와 우유팩 열기, 빨래 개기 등 정말 많지요. 소근육 활동은 대부분 앉아서 해야 합니다. 움직이고 싶어 하는 아이들은 좋아하기 쉽지 않지요. 게다가 손힘까지 약하다면 관심을 안 보일 겁니다. 그러니 아이의 관심사와 소근육 활동을 연결하는 것이 중요합니다.

1. 아이가 좋아하는 주제로 종이접기

대표적인 소근육 추천 활동은 종이접기입니다. 하지만 소근육이 약한 아이는 종이접기에도 관심을 보이지 않을 수 있어요. 게다가 한자리에 앉아서 집중력과 끈기를 동원해야 하고, 견본을 보는 시지각 능력도 발휘해야 하니 쉽지 않지요. 그러니 어떤 것을 접느냐가 관건입니다. 아이가 무기 종류에 관심이 있다면 칼, 방패, 총 접기부터 시작해 보세요. 차를 좋아한다면 미니카 접기가 딱입니다. 각종 동물, 천사와 요정, 하트 접기도 있습니다. 유튜브에 '초등학생(혹은 유아)이 좋아하는 종이접기'라고 치면 우리 아이가 좋아하는 주제의 종이접기를 발견할 수 있습니다.

2. 요리로 다양한 손 쓰기

요리 활동은 대부분의 아이가 좋아하지요. 부모가 혼자 만들면 훨씬 빨리 끝낼 수 있지만, 되도록이면 아이를 동참시켜 주세요.

식재료를 다듬고 조리하면서 손을 다양하게 써 볼 수 있습니다. 버섯을 가늘게 찢고, 삶은 달걀과 메추리알의 껍질을 까고, 콩나물의 뿌리를 다듬을 때 손가락의 자세와 힘은 다릅니다. 주먹밥을 동글게 뭉치면서 악력도 조절합니다. 칼로 채를 썰고 다지면서 안전하게 칼을 다루는 능력도 키우고, 어느 정도로 힘을 조절해야 하는지도 가늠하게 됩니다.

3. 승부욕을 자극하는 단추 게임

아이의 승부욕을 활용해 단추를 채우고 풀어 봅시다. 가족들이 각자 단추가 많은 셔츠나 잠옷을 입고 게임을 해 봅니다. 단추는 채우기보다 풀기가 더 쉬우니 맨 처음에는 풀기부터 해 보세요. 준비 구호와 함께 누가 먼저 푸나, 누가 먼저 채우나 내기를 합니다. 소근육 키우기가 목적이니 부모는 일부러 좀 천천히 해 줘야겠지요?

slow, steady, special tip

- 글씨 쓰기는 소근육이 관건이니 생활에서 다양한 소근육 연습을 꾸준히 합니다.
- 소근육 연습을 힘들어하는 경우, 아이가 좋아하는 요리나 놀이를 이용해 봅니다.

16

받아쓰기와 친해져요

STEP 1

WHY – 왜 해야 할까요?

받아쓰기는 왜 하는 것일까요? 그리고 학교에서는 어떻게 하고 있을까요? 학교나 선생님마다 차이는 있지만, 일반적으로 1학년 2학기부터 받아쓰기를 합니다. 한글을 어느 정도 습득한 후에야 받아쓰기를 할 수 있기 때문입니다.

받아쓰기와 관련하여 우리가 기억할 첫 번째는, 받아쓰기는 초기 읽고 쓰기를 도와주는 '도구'라는 것입니다. 도구가 목표가 되어서는 곤란합니다. 100점이 중요한 게 아니라 이 과정을 통해 글자와 문장을 눈, 귀, 손으로 익히는 것이 중요합니다. 게다가 도구가 무서워지면 큰일입니다. 부모와의 받아쓰기 공부가 무섭고 두려우면 안 되지요. 앞으로 남은 공부 세월이 몇 년인데요.

두 번째로, 받아쓰기는 단순히 글자나 문장 쓰기가 아닙니다. 누군가 불러준 것을 '듣고' 써야 하는 일입니다. 우리말은 처음 배울 때에는 소리와 글자가 일치합니다. '사자', '고기'와 같은 단어처럼 말입니다. 하지만 단계가 올라갈수록 아이들 입장에서는 신기한 일이 일어납니다. '김밥 - [김빱]', '해돋이 - [해도지]'처럼 들리는 소리와 쓰인 글자가 다른 상황이 벌어지죠. 문장으로 가면 더 혼란스럽습니다. '나뭇잎이 떨어져요 - [나문니피 떠러져요]'처럼요.

느린 아이들은 청각적 주의력이 좀 작게 타고 나거나 더디게 발달한다고 말씀드렸지요? 그래서 받아쓰기가 더 어렵게 느껴질 수 있습니다. 집중해서 듣고 다시 내 손으로 글씨를 만들어 내는 일은 동시 작업이기에 쉬운 일이 아닙니다. 게다가 문장 부호, 띄어쓰기까지 반영해야 하지요.

STEP 2

HOW TO – 어떻게 할까요?

이제 받아쓰기가 느린 아이에게 얼마나 어려운 일인지 짐작이 되실 것 같네요. 그럼 이 어려운 일을 우리가 어떻게 도와줘야 할까요?

1. 단계별로 접근하기

처음에는 소리와 글자가 일치하는 단어부터 시작합니다. 그리고 음운 변동이 있는 단계로 넘어갑니다. 나와 상관없는 단어보다는 책이나 교과서에 나온 어휘로 해 보세요. 부모와 함께 읽었거나 수업 시간에 들어 봤으니 더 친숙하게 느껴질 것입니다. 단어가 잘 되면 어절 단계(우리 엄마), 그리고 문장 단계(우리 엄마가 있다)로 넘어갑니다.

2. 먼저 눈과 귀로 충분히 익히기

학교에서는 시험 전에 미리 받아쓰기 문제를 나눠 줍니다. 이렇게 해 주는 것은 받아쓰기가 유일할 것입니다. 일명 '받아쓰기 급수표'라고 하는데요, 이걸 아이가 충분히 귀와 눈으로 익히게 해 주세요. 부모가 불러 주는 소리를 들으며, 글자나 문장을 봅니다. 그다음에는 내 입으로 읽어서 눈과 귀로 익힙니다. 대여섯 번 정도 읽고 쓰게 하면 훨씬 할 만하다고 느낍니다.

3. 분명한 발음과 속도로 친절히 불러 주기

부모는 공부할 때 너무 냉정해집니다. 내가 힌트를 덜 줘도, 좀 더 빨리 말해도 아이가 할 수 있기를 바라죠. 그래야 아이가 제대로 알고 있구나 하는 생각이 들고요. 그래서 받아쓰기도 한 번만 불러 주거나, 어른의 말 속도로 읽어 줍니다. 하지만 학교 선생님도 이렇게는 하지 않습니다. 기본적으로 두 번 불러 주고, 1학년 때는 띄어쓰기 하는 부분을 잠깐 쉬거나 심지어 박수를 치는 분도 계십니다. 혹은 '우리 띄고 가족(우리∨가족)'이라고 말해 주기도 합니다. 우리, 너무 야박하게 굴지 맙시다.

4. 채점에도 노하우를!

맞은 것은 동그라미, 틀린 것은 빗금으로! 이게 채점의 국룰이지요. 하지만 느린 아이는 이 시각 정보에 상당히 민감합니다. 일단 맞은 것은 큰 동그라미, 틀린 것은 별표를 쳐 주시면 어떨까요? 그리고 단호하게 "틀렸어!"라고 말하기보다는 "요거 아깝네~"라고 말해 주세요(단어에서 모든 음절을 다 틀린 게 아닐 테니까요).

틀린 부분은 물론 복습이 필요합니다. 하지만 반복을 덜 지겹게 하는 게 핵심입니다. 10번을 복습하더라도 두 번 정도는 다시 읽고, 두 번 정도만 다시 쓰게 해 주세요. 나머지는 내일 써 보고요. 읽기와 쓰기를 섞어서 복습하면 지겨움이 덜합니다. 오늘 못 익히면 내일 또 하면 됩니다.

5. 받아쓰기도 게임처럼

반복을 덜 지겹게 하고, 공부는 나만 하는 것 같은 억울함에서

벗어나게 해 주세요. 놀이와 연결해 보는 거죠. 예를 들어 '온 가족이 함께 하는 받아쓰기 게임'처럼 말입니다. 엄마나 아빠가 문제를 내고, 아이와 다른 가족들이 함께 받아쓰기를 합니다. 여기서 핵심은 다른 가족들이 한두 문제 정도를 일부러 틀리는 겁니다. 채점은 서로 바꿔서 합니다. 아이도 채점하며 한 번 더 유심히 보게 되니 눈이 초롱초롱, 복습이 자연스럽게 됩니다.

slow, steady, special tip

- 받아쓰기 시험은 급수표를 나눠 주고 며칠 전에 예고합니다. 그러니 매일 연습할 시간을 마련하세요.
- 반드시 소리 내어 읽어 소리와 글자의 불일치에 익숙해지도록 합니다.
- 반복이 중요하니, 가족과 함께 놀이하듯 해 봅니다.

17

다양한 방법으로 재미있는 받아쓰기를 해요

STEP 1

WHY - 왜 해야 할까요?

시중에 나온 받아쓰기 교재는 느린 아이에게 너무 어렵거나 부모가 지도하기 난감할 수 있습니다. 준비가 안 된 상태인데 음운 변동 받아쓰기가 갑자기 나오기도 하고, 문장 10개를 다 받아쓰기 어려운 아이도 있으니까요. 사용자 맞춤 물건들이 이미 많이 나와 있는 시대인 만큼 받아쓰기도 우리 아이에게 맞춰 연습해 보면 어떨까요?

들리는 것과 쓰는 것의 차이를 인지하고 적용할 수 있는 좀 더 쉬운 방법이 필요합니다. 쓰기 시험에 대한 두려움을 만들지 말아야 합니다. 다시 말하지만 받아쓰기는 도구입니다. 도구는 부리는 사람이 선택할 수 있지요. 게다가 잘 부리면 약이 되고, 잘못 부리면 독이 됩니다.

STEP 2

HOW TO – 어떻게 할까요?

1. '찾아라' 받아쓰기

부모가 불러 주는 문장을 듣고 보기에서 찾아 씁니다. 글자를 읽을 수 있는 아이라면 이 방법으로 받아쓰기를 거뜬히 해내는 성공 경험을 해 볼 수 있습니다.

이름													
1													
⋮													
5													
보기	발	표	할		차	례	예	요	.				
	숨	이		컥	컥		막	히	고				
	머	릿	속	은		눈	사	람	처	럼			
	눈	앞	이		캄	캄	했	어	요	.			
	큰		소	동	이		벌	어	졌	어	요	.	

2. '퐁당퐁당' 받아쓰기

부모가 불러 주는 문장을 듣고 빈칸만 채워서 씁니다. 빈칸은 아이의 수준에 따라 글자 수를 조정합니다.

이름													
1					차	례	예	요	.				
2	숨	이		컥	컥								
3	머	릿	속	은									
4					캄	캄	했	어	요	.			
5	큰		소	동	이							.	

3. '고쳐라' 받아쓰기

일반 문제집에도 틀린 글자를 고쳐서 쓰게 하는 문제들이 있습니다. 이걸 받아쓰기와 연결해 봅니다. 처음에는 아래 보기에 틀린 부분을 다른 색으로 표시해 둡니다. 부모가 불러 주는 소리는 색깔로 표시한 글자처럼 들리지만, 그 부분을 고쳐 써야 한다는 점을 알려 줍니다. 익숙해지면 색 힌트를 지우고 해 봅니다.

이전 양식들을 일일이 어찌 만드나 한숨이 나오나요? 과정이 번거로우면 부모도 힘들어서 안 됩니다. 그냥 노트에 부모가 직접 써서 하면 됩니다. 퐁당퐁당 칸은 비워 두시고, 잘못 쓴 부분만 검정이 아닌 다른 색으로 쓰면 되지요.

이름													
1													
2													
3													
4													
5													
보기	발	표	할		차	례	에	요	.				
	숨	이		컥	컥		막	키	고				
	머	릿	속	은		눈	싸	람	처	럼			
	눈	압	피		캄	캄	했	어	요	.			
	큰		소	동	이		벌	어	졌	써	요	.	

slow, steady, special tip

- 다양한 받아쓰기 방법을 통해서 같은 문장을 반복해 보세요. 반복이 덜 지겹게 느껴지며, 받아쓰기와 맞춤법의 완성도는 올라갑니다.
- 물론 학교에서는 이 방법을 쓰지 않지요. 하지만 목적을 잊지 마세요. 우리 아이 속도에 맞춰서 받아쓰기와 맞춤법을 익혀 가면 됩니다.

18

문장 쓰는 방법을 익혀요

STEP 1

WHY – 왜 해야 할까요?

쓰기와 관련된 강의를 할 때마다 어머님들은 "어떻게 하면 문장을 잘 쓰게 할 수 있을까요?", "좀 길게 쓰게 할 방법은 없나요?"를 물어보십니다. 아이와 일기 쓰기를 오랫동안 해 왔고, 책을 읽을 때마다 독후감을 쓰게 해 봤지만 문장이 늘지 않는다면서요. 책이야 어떻게든 읽히고 같이 읽으면 되는데 글쓰기는 지도하기가 난감하다고 호소합니다.

잘 쓴 문장은 어떤 문장일까요? 글쓰기 전문가들은 잘 읽히고 쉽게 이해되는 문장을 잘 쓴 문장으로 봅니다. 그래서 쉽고 짧은 문장 즉, 가독성이 좋은 단문을 쓰라고 말하지요. 단문은 주어와 서술어가 한 개씩 나오는 문장입니다. "나는 아침을 먹었다."라는 문장에는 주어 '나'와 서술어 '먹었다'가 한 개씩 존재하지요. 물론 중간에 목적어나 보어가 들어갈 수 있습니다. 문장을 무조건 길게 쓴다고 좋은 문장이 아니라는 것을 기억합시다.

STEP 2

HOW TO – 어떻게 할까요?

그렇다면 왜 단문을 써야 할까요? 첫 번째로 문법적인 실수를 방지하기 위해서입니다. 문장이 길어지면 주어와 서술어의 관계가 어긋날 확률이 높아집니다. "강아지는 귀여운 동물이고 좋다."라는 문장은 어색합니다. 주어 '강아지'에 첫 번째 서술어 '동물이다'는 잘 연결되었으나 두 번째 '좋다'와는 호응이 되질 않습니다. 아이들은 말을 할 때도, 글을 쓸 때도 이런 문법적인 오류를 보입니다.

단문을 써야 하는 두 번째 이유는 말하려고 하는 것을 분명하게 나타낼 수 있기 때문입니다. 체험학습에 대한 감상을 말하고 써 보라고 하면 "나는 부산에 갔는데 신기했고 힘들었고 재밌었다."라고 쓰는 경우가 왕왕 있습니다. 부산을 처음 가 봐서 신기했는데, 차가 막혀서 힘들었겠지요. 그렇지만 바닷가에 가서는 재밌게 놀았고요. 여러 생각을 하나의 문장에 담다 보니 무엇을 말하려는지 알 수 없는 글이 됩니다. 명확하고 짜임새 있는 단문 쓰기는 어떻게 알려 주면 될까요?

1. 문장 뼈대 잡기 : 주어 하나와 서술어 하나

"나는 먹었다.", "무지개가 아름답다.", "개미는 곤충이다."처럼 '무엇이 어떠하다', '무엇이 어찌하다', '무엇은 ~이다'의 형태로 간결하게 쓰는 연습을 합니다.

2. 살 붙이기 : 필요 정보 추가로 넣기

뼈대가 중요하긴 하지만 뼈만 있으면 앙상하겠죠. 적당히 살이 붙어야 합니다. 추가할 첫 번째 살은 이 문장을 읽는 사람이 궁금해할 내용입니다. 처음에는 한 가지씩 추가해 보고, 익숙해지면 두세 개로 확장해 봅니다.

무엇을 먹었지?	나는 **김밥을** 먹었다.
언제 먹었을까?	나는 **어제** 김밥을 먹었다.
누구랑 먹었을까?	나는 어제 **엄마랑** 김밥을 먹었다.

두 번째로는 꾸며 주는 말을 넣어 봅니다. 소리나 모습을 흉내내거나, 크기나 색깔, 모양을 나타내 주는 표현이지요. 흔히 의성

어, 의태어, 형용사라고 합니다. 꾸며 주는 말은 대상을 더 구체적이고 생생하게 나타냅니다. 그래서 꾸며 주는 말을 쓰면 그 장면이나 사물을 보고 있는 듯한 느낌이 들지요. 학교에서도 배우는데요, 쉽게 말하면 '어떻게', '어떤'에 해당하는 부분입니다.

학교로 달려갔다.	**어떻게** 달려갔지?	학교로 **후다닥** 달려갔다.
더워서 땀이 났다.	**어떻게** 났지?	더워서 땀이 **주르륵** 났다.
눈이 내렸다.	**어떤** 눈이 **어떻게** 내렸지?	**하얀** 눈이 **펑펑** 내렸다.

살을 붙여서 문장이 약간 길어졌지만 여전히 단문입니다. 주어와 서술어가 하나이니까요. 위의 예시처럼 아이가 쓴 단출한 문장에 꾸며 주는 말을 한 개씩 넣도록 질문을 해 주세요.

3. 한 문장에는 하나의 이야기만 담기

마지막으로 하나의 문장에는 한 가지 이야기만 쓰도록 알려 주세요. "나는 부산에 갔는데 즐거웠고 힘들었고 재밌었다."처럼 한 문장에 여러 서술어를 욱여넣지 않습니다. 그런 감정이 든 이유나 원인을 물어보며, 명료한 단문으로 문장을 분리할 수 있게 도와주세요.

다음 장의 표처럼 말로 먼저 하고, 글로 다시 옮겨 적습니다. 다만, 이때 원인으로 답한 내용이 먼저 나오고 뒤에 서술어를 쓰도록

아이가 쓴 복잡한 문장을 서술어로 분리	부모의 질문	아이의 대답
나는 부산에 갔다	언제?	어린이날에
신기했다	왜, 무엇이?	부산에 처음 가 봐서
힘들었다		차가 밀려서
재밌었다		부산 사투리가

알려 주세요. "신기했다, 부산에 처음 가 봐서."가 아니라 "부산에 처음 가 봐서 신기했다."라고 이유를 먼저 쓰자고 말하면 됩니다.

> 나는 어린이날에 부산에 갔다. 부산에 처음 가 봐서 신기했다. 차가 밀려서 힘들었다. 부산 사투리를 들었는데 재밌었다.

중간에 접속사를 써주면 자연스럽게 이어지겠지만 아직 어려울 수 있습니다. 그렇다면 문장 사이에 괄호를 치고 그 안에 들어갈 접속사를 보기로 주세요. 아이가 직접 골라 넣고 소리 내어 읽어 보게 합니다. 접속사를 쓰면 문장이 부드럽게 이어진다는 사실을 느껴 보면 됩니다.

> 나는 어린이날에 부산에 갔다. 부산에 처음 가 봐서 신기했다. (그래서, 그런데) 차가 밀려서 힘들었다. 부산 사투리를 들었는데, 재밌었다.

slow, steady, special tip

- 앞서 말한 지도법을 한꺼번에 적용하면 아이도 어른도 힘들 수 있습니다. 단계별로 적용하세요.
- 혼자서 쓰기까지는 부모의 질문이 큰 도움이 됩니다. 책대화처럼 쓰기가 익숙해질 때까지 쓰기 대화도 함께 해 주세요.

19

일기를 써요 ①
일기 쓰기가 어려운 네 가지 이유

STEP 1

WHY – 왜 해야 할까요?

아이들은 일기 쓰기를 정말 싫어하지요. 일기만 쓰라고 하면 한숨을 쉬거나 '나는 오늘'이라는 두 단어만 써 놓고 몸을 배배 꼽니다. 돌이켜 보면 우리 어른들도 그랬지요. '도대체 일기 숙제는 누가 만들어서 날 이렇게 고생시키나' 하는 생각 다들 해 보셨지요? 그런데 마치 그런 적 없는 것처럼, 내 아이의 모습은 못마땅하기만 합니다. 일기에 대한 느린 아이의 감정과 어려움을 공감하는 것부터 필요하겠네요. 아이들은 왜 이렇게 일기 쓰기를 힘들어하는 걸까요?

STEP 2

HOW TO – 어떻게 할까요?

부모도 분명히 경험했으나 기억이 나지 않는 '일기 쓰기가 어려운 이유'를 정리해 드립니다. 아이들 입장에서는 차고 넘치는 이 이유들에 부모가 납득과 공감을 하는 것부터 시작해야 합니다. 그래야 일기 쓰기를 잘 도와줄 수 있습니다.

1. 특별히 쓸 것이 없고, 왜 써야 하는지도 모르겠다

글을 쓸 소재인 '글감'을 찾기가 쉽지 않습니다. 글쓰기의 세 가지 어려움인 '2W1H' 기억하시죠? 무엇에 대해 쓸지(what), 왜 써야 하는지(why), 어떻게 써야 하는지(how) 중 what에서부터 덜커덕 걸립니다. 사실 아이들에게 일기는 이 세 가지가 모두 걸림돌이 된답니다. 매일 똑같이 학교에 갔고, 끝나고는 방과 후 수업과 센터에 다녀왔지요. 집에 와서 쉬고 숙제를 하다 보니 마지막으로 일기 쓸 시간이 되었습니다. 그러니 '나는 오늘'로 시작한 다음 막막해집니다. 연필을 잘근잘근 씹으며 '도대체 일기는 왜 써야 하는 거야!'라는 마음만 부글부글 끓어오릅니다.

2. 하루를 되돌아보기가 어렵다

나이가 어릴수록 나의 하루를 돌아보기가 어렵습니다. 1교시에 무엇을 했는지부터 물어보면 아이들은 대부분 대답하지 못합니다. 하지만 집에 오기 직전인 4교시나 5교시에 한 일을 물어보면 그나마 기억하죠. 아이라는 존재는 원래 '현재 중심'의 시간 감각을 꽤 오래 유지합니다. 현재가 가장 중요하고, 현재에 집중하죠. 과거를 복기하거나 미래를 예측하는 것을 어려워합니다. 그래서 집에 온 지금, 현재와 그나마 가까운 시간에 일어났던 일을 잘 떠올립니다. 게다가 안타깝게도 느린 아이들은 기억력이 작게 타고난 경우가 많습니다. 이렇다 보니 아침부터 일기 쓰기 직전까지의 하루를 전체적으로 되감아 보는 일이 버겁게 느껴집니다.

3. 내 마음을 알기가 어렵고, 솔직하게 쓰기는 더 어렵다

아이의 일기를 보면 '재밌었다', '좋았다', '화났다', '짜증났다'라는 말이 자주 나옵니다. 그래서 부모는 불만입니다. 물론 불만의 이유가 차고 넘치기는 합니다. 글씨도 삐뚤빼뚤, 맞춤법도 엉망이고, 그림일기라면 그림은 그리다 만 것 같지요.

내 마음과 감정을 아는 것은 어른도 쉽지 않습니다. 마음은 눈에 보이지 않고 복잡하니까요. 아이들은 이런 추상적인 마음을 혼자 글로 쓰기가 어렵습니다. 그래서 '짜증났다', '좋았다', '재밌었다'라는 익숙한 표현으로 마무리를 짓습니다. 감정을 나타내는 어휘도 잘 몰라서 내가 쓰던 표현만 쓰는 거죠.

자기 마음을 알아도 솔직하게 쓰기가 조심스럽습니다. 그래서 감추고 다른 이야기를 쓰기도 하고, 그렇게 쓰려니 힘이 들지요. 저도 그런 경험이 있습니다. 엄마랑 받아쓰기 연습을 하다 엄청 혼난 날, 울면서 일기를 썼습니다. 철없는 어린 생각에 "우리 엄마가 친엄마가 아닐지도 모르겠다. 언젠가 받아쓰기를 화내지 않고 가르쳐 줄 친엄마가 날 데리러 왔으면 좋겠다."라고 썼지요. 그날 밤, 저는 그 일기 때문에 또 혼이 났습니다. 일기는 지우고 다시 써야 했고요. 그 사건 이후로 학교에 내는 일기에는 '무엇을 했다'만 쓰거나 기쁘고 좋은 이야기만 적었습니다. 일기 쓰기를 위한 일기, 남에게 보여 주기 위한 숙제로서의 일기가 되어 버렸습니다.

4. 빈 종이를 채우기가 어렵다

"그림일기는 단 세 줄만 쓰면 되는데, 그걸 못 쓰네요…."라고 고민하는 1학년 엄마가 있었습니다. 우리에게는 단 세 줄이지만 아이에게는 그전까지 이런 종류의 글쓰기 경험이 전혀 없었다는 점을 고려해 주세요. 말의 세계에서만 살다 이제 막 쓰기의 세계로 넘어온 1학년 아이니까요. 따라 쓰기나 보고 쓰기 정도만 했던 아이에게 일기 쓰기는 새로운 방식의, 처음 하는 글쓰기이기도 합니다.

학년이 올라가면서 쓰게 되는 줄글 일기의 경우 한 페이지를 다 채워야만 할 것 같은 압박감이 있습니다. 글씨를 크게 쓰기도 하고, 최대한 넓게 띄어쓰기도 하고, 줄도 자꾸 바꿔 보는 이유는 모두 분량에 대한 부담감 때문입니다. 세 줄만 쓰면 되는 그림일기

여도 아이들은 마찬가지로 부담스러워합니다. 세 줄 안에 지켜야 할 맞춤법, 내용, 어휘, 문법이 가득하고 부모가 이것들을 놓칠 리 없다는 사실을 아니까요.

일기는 이렇게 어렵고 힘들기만 하니 포기해야 할까요? 사실 몇 년 전부터 사생활 보호 및 기타 이유로 일기 쓰기 숙제를 내 주지 않는 학교가 늘어나고 있습니다. 하지만 일기 쓰기는 숙제가 아니더라도 여러 긍정적인 효과를 얻을 수 있는 활동입니다. 쓰는 방법을 차근차근 익히고 그 과정이 아이에 맞게 진행되면 아이러니하게도 위에서 말한 네 가지를 할 수 있게 되지요. 글을 쓸 때 어떤 게 글감이 되는지 알고, 맞춰서 쓰게 됩니다. 나의 하루를 정리할 수 있습니다. 그러다 보면 분량은 자연스럽게 채워지지요. 내 마음을 정리하거나 내 감정을 스스로와 공유하는 시간이 되고, 그것을 적절한 어휘로 표현하지요. 많은 연구에서 감정 일기가 개인에게 미치는 긍정적인 효과를 언급하고 있기도 합니다. 스트레스를 유발하는 코르티솔 수치가 감소하고(펜실베이니아대학교) 불안감 감소와 더불어 심리적 회복 탄력성을 높이는 데 도움을 준다고 하지요(미국심리학회).

결국 다른 모든 글쓰기와 마찬가지로 2W1H를 아이에 맞게 알려 줘야 합니다. 그리고 되도록 이 과정을 즐겁게 그리고 여유롭게 할 수 있도록 어른이 같이 버텨 줘야 합니다. 책대화를 위한 책동무가 있었듯, 일기 쓰기를 위한 쓰기 동무가 되어 주세요. 아이가 글을 몰랐을 때 읽어 주었듯, 어떻게 써야 하는지 헤매는 쓰기 초보자를 적극적으로 도와주세요.

slow, steady, special tip

- 일기 쓰기의 어려움과 동기 부족을 이해해 주세요.
- 처음 글을 읽을 때, 어른이 함께 해 주었던 노력과 지원처럼 일기 쓰기에도 그런 과정이 필요합니다.

20

일기를 써요 ②
일기 쓰기를 함께 해요

STEP 1

WHY – 왜 해야 할까요?

앞에서 말한 '일기 쓰기 어려운 이유'들에 납득과 공감이 되셨나요? 아이마다 네 가지가 모두 해당되거나, 몇 개가 섞여 있을 겁니다. 우리 아이에게 해당되는 사항이 무엇인지를 잘 관찰한 후, 그에 맞춰 도와주면 됩니다.

STEP 2

HOW TO – 어떻게 할까요?

1. 글감 찾기는 함께 하기

무엇을 쓸지 찾을 수만 있다면 일기 쓰기는 훨씬 수월해집니다. 하지만 그걸 혼자서 척척 찾아내는 아이는 드뭅니다. 일정 기간은 어른이 도와주세요.

글감 찾기 방법으로 하루를 시간대별로 나누어 기억에 남는 일을 떠올려 보게 합니다. 아이들은 어릴수록 지금과 가까운 시간대를 더 잘 기억합니다. 일기 쓰기 전까지 있었던 일 / 학교에서 집에 오는 길에 있었던 일 / 수업시간에 있었던 일 / 점심시간에 있었던 일과 같이 구체적인 시간대에 가장 기억에 남는 일을 떠올려 보도록 합니다. 이 방법은 국어 교과서의 일기지도에도 나옵니다.

혹시 특별한 일이 생각나지 않는 하루였다면 아이의 마음을 물어보세요. 하지만 앞서 이야기한 것처럼 마음 찾기는 쉬운 일이 아닙니다. 그럴 때는 부모의 사례나 감정카드가 도움이 됩니다. 예를 들어, 부모가 먼저 옛 친구와 찍은 사진을 보여 줍니다. 그 친구와의 일화를 들려주며 '그리움'이라는 감정을 연결하여 말해 주세요. 그러면서 아이에게 그립거나 다시 만난다면 반가울 것 같은 사람은 누구인지, 그 추억은 어떤 것인지 자연스럽게 이야기를 나눠 봅니다. 이렇게 하면 아이도 비슷한 경험과 감정을 떠올리기가 쉽습니다. 부모의 이야기를 들으며 자기 마음을 이야기할 수도 있습니다. 그게 바로 글감이 됩니다.

감정카드(사전)는 다양한 감정 단어와 그 감정이 느껴지는 일상의 순간들을 예시로 알려 줍니다. 예를 들어 '서운함'은 "엄마가 동생이랑 싸웠을 때, '언니니까 참아야지'라는 말을 들으면 드는 마음"처럼 아이들이 겪어 봤을 상황을 보여 줍니다. 그래서 할 말이 떠오르게 만듭니다. 이와 비슷한 도구로 가치 단어(사전)도 있습니다. 가치 단어는 우리가 아이에게 알려 주고 싶은 소중한 덕목들을 담고 있지요. 감사, 배려, 용서 같은 것들 말입니다. 추상적인 단어이지만 부모와 에피소드로 이야기를 나누면 그 뜻이 구체적으로 다가옵니다.

할 말이 생기면 쓰기가 쉽습니다. 부모와 글감을 찾는 다양한 방법을 많이 경험하면 나중에는(부모가 생각하는 나중보다 더 나중에요) 혼자 쓰기가 가능해집니다. 일정 기간 혼자 쓰지 못해도 괜찮습니다. 아이와 대화하고, 감정을 나눌 수 있는 소중한 시간과 함께 덤으로 글쓰기도 했으니까요.

아이와 매번 색다른 글감을 찾는 일이 곤혹스러울 수 있습니다. 글감을 재미있게 찾는 방법을 소개해 드립니다.

* 준비물 : 빈 상자 혹은 주머니 세 개, 메모지

❶ 메모지에 일기의 글감이 될 만한 세 종류의 키워드를 부모

가 미리 적어 상자나 주머니에 넣어 둔다.

(예) 시간상자 - 아침/점심/밤, 오늘/어제/며칠 전 등

가치상자 - 감사/배려/용기 등

감정상자 - 행복해요/질투 나요/두려워요/슬퍼요 등

② 아이와 부모가 각 상자마다 메모지를 한 장씩 꺼내서 키워드를 확인한다.

③ 오늘 혹은 최근에 있었던 일 중에 키워드와 관련된 것을 떠올려 본다.

④ 키워드를 넣어 말로 이야기를 만들어 보고, 그것을 정리해서 일기로 쓴다. 부모도 오늘 하루를 되돌아보며, 부모의 일기를 아이에게 들려준다.

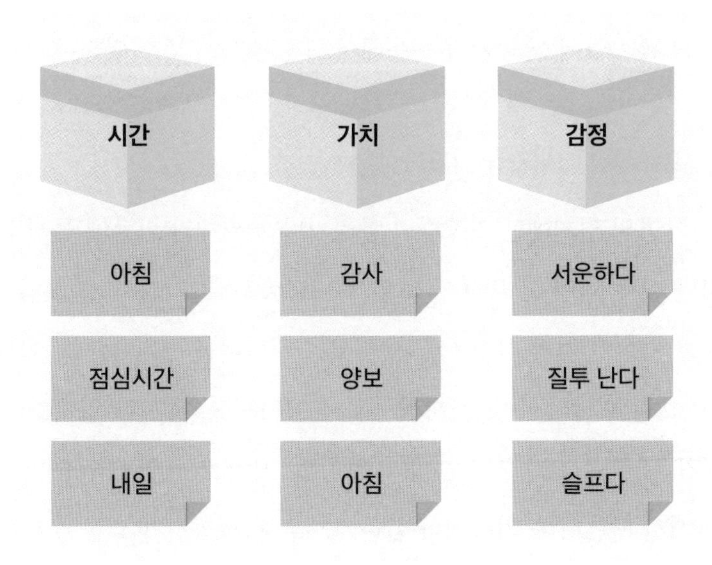

2. 말하고 쓰기

글감을 찾은 후 본격적으로 쓰기 전, 이런저런 이야기를 충분히 나눕니다. 그리고 씁니다. 말을 하고 나면 쓰기가 쉬워집니다. 이미 말로 한 번 해 봤기 때문에 워밍업이 된 셈이지요. 대통령의 연설문을 많이 썼던 강원국 선생님은 글을 쓸 때 '말하듯이' 쓰라고 합니다. 말하듯 쓰는 게 쉽기도 하고 잘 읽히기 때문입니다. 그래서 요즘 책들은 누군가가 옆에서 이야기해 주는 듯한 문체로 쓰인 경우가 많습니다. 말투의 문체를 강조한 것이지만, 한편으로는 말한 것을 그대로 써도 괜찮은 글이 된다는 뜻입니다. 물론 너무 적나라한 구어체이면 곤란하지요. 다 쓰고 그런 부분들은 수정해 보면 됩니다.

아이가 말한 것을 기억하지 못할 수도 있기에, 대화하면서 나오는 단어는 옆에 써 놓거나 녹음해서 나중에 들어 봐도 됩니다.

3. 글쓰기 시간임을 기억하기

아이의 일기에는 맞춤법이 틀리거나 글씨체가 마음에 들지 않거나 잘못 띄어 쓴 것들이 보일 겁니다. 그림일기의 경우 그림에 전혀 관심이 없거나 내용과 관련 없는 캐릭터를 그려 놓기도 합니다. 그럴 때마다 우리는 지적하고 싶어지지요. 하지만 일기 쓰기 시간은 '글'을 쓰는 시간입니다. 맞춤법, 띄어쓰기, 글씨 연습은 다른 시간에 합니다. 가뜩이나 힘든데 다른 지적까지 받으면 일기 쓰기는 가장 피하고 싶은 글쓰기가 됩니다. 지적을 참기 힘들다면, 아이가 글감을 찾을 때까지만 곁에 머무르고 글감을 찾아 쓰기 시작한 후에는 자리를 뜨셔도 좋습니다.

잘 쓴 문장이나 표현이 있다면 칭찬해 주세요. 눈을 씻고 하나라도 찾아 주세요. 형광펜으로 칠하거나 별표를 달아도 좋습니다. 힘든 일일수록 칭찬과 격려가 있어야 계속할 수 있습니다.

4. 부담을 줄여 주기

그림일기를 쓰는 경우 그림이나 글 중 하나만 제대로 해도 넘어가 주세요. 그림을 그리고 글씨는 한 줄만 써도, 그림으로 내 마음을 나타내기 어려워 대충 그려도, 엉뚱한 그림을 그려도 말입니다. 줄글 일기를 쓰는 경우 매번 한 페이지를 채우지 않아도 좋다고 말해 준다면 일기가 덜 부담스러울 것입니다.

대부분의 집에서 모든 일과가 마무리되는 시간에 일기를 쓰게 합니다. 하루 일정이 빡빡하거나 체력이 약한 경우, 늦은 시간에 일기를 쓰려면 더 힘들 겁니다. 일기 쓰는 시간을 조금 당겨 보는 방법도 추천합니다. 일기 쓰기는 아이가 앞으로 써야 할 글쓰기의 첫인상을 좌우합니다. 그러니 자유롭고 편안하게 쓸 수 있는 분위기를 만들어 주세요.

slow, steady, special tip

- 일기 쓰기 시간은 글씨 쓰기 시간이 아닙니다. 맞춤법, 글씨체, 띄어쓰기는 마음에 들지 않더라도 다른 시간에 지도해 주세요.

21

그림을 보고 육하원칙에 맞게 말하고 써요

STEP 1

WHY – 왜 해야 할까요?

주어, 목적어, 서술어를 갖춘 문장 쓰기를 어려워하는 아이들이 있습니다. 말을 할 때도 이런 모습은 동일하게 나타납니다. "주말에 뭐했니?"라는 질문에 "놀았어요."라고만 대답하지요. "뭐하고 놀았니?"라고 물으면 그제야 "수영장 갔어요."라고 합니다. "누구랑 갔니?"라고 물어야 "엄마랑 갔어요."라고 하지요. 느린 아이와 말하다 보면 스무고개를 하는 것 같습니다.

한편 너무 장황하게 이야기하는 아이들도 있습니다. "아 지난주 토요일인가, 일요일인가 아무튼 엄마랑 워터파크에 갔는데, 거기 이름이 캐리비안인데, 동생이 자꾸 캐비어라고 해서 짜증나서 틀렸다고 말하다가 싸웠는데…"

말을 잘한다는 기준에는 여러 가지가 있지요. 그중에서도 핵심 내용을 잘 전달하는지가 가장 중요하답니다. 중요하지 않은 이야기를 늘어놓거나 듬성듬성 이야기할 때 "제발 말 좀 똑바로 해!", "쓸데없는 말 하지 말고!"라는 피드백은 아이에게 무의미합니다. '똑바로' 말하는 게 무엇인지, 불필요한 말을 안 하려면 어떻게 해야 하는지 구체적인 팁을 줘야 합니다. 우리는 말을 글로 연결할 것이니 꼭 들어갈 내용을 넣어서 말하는 연습을 먼저 합시다. 그러면 글도 그렇게 쓸 수 있을 겁니다.

STEP 2

HOW TO – 어떻게 할까요?

조리 있게 말하고 쓰기 위해 육하원칙을 알려 주세요. 누가, 언제, 어디서, 무엇을, 어떻게, 왜를 넣어 말하고 쓰는 연습을 합니다. 육하원칙을 이용해 문장구조가 잘 갖춰진 한 문장 만들기부터 시작해 봅니다. 처음부터 여섯 가지를 한꺼번에 챙기려고 하면 부담스러울 수 있답니다. 뼈대가 되는 세 가지(누가/무엇을/어떻게)에 익숙해지면 나머지 것도 시도해 보세요. 하다 보면 문장 안에 여섯 가지를 다 넣지 않아도 되는 경우가 꽤 있습니다. 아이들이 가장 어려워하는 것은 '왜'입니다. 이 부분은 추론의 영역이기도 하거든요. 그러니 마지막에 시도해 봅니다.

우선 그림이나 사진을 보여 주고, 아이가 관찰할 시간을 갖습니다. 그리고 부모가 불러 주는 육하원칙의 요소에 맞게 대답하게 합니다.

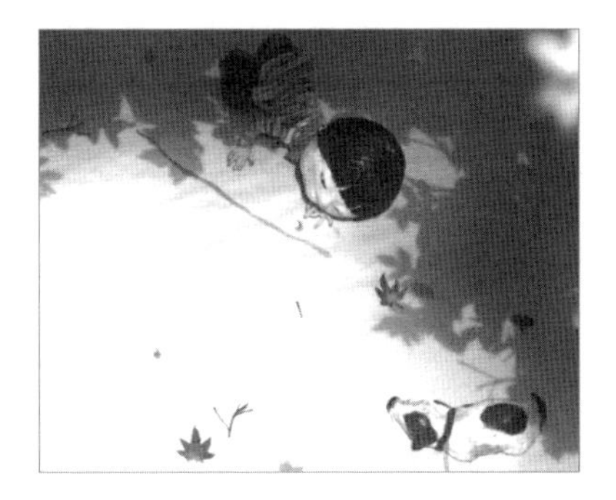

출처: 《알사탕》, 백희나, 스토리보울

누가	남자아이가
언제	낮에
어디서	공원에서
무엇을	구슬치기를
어떻게	했다

그림자가 있으니 저녁이나 밤은 아니라고 대답해야 하는데, 어려울 수도 있지요. 시간을 나타내는 단어(아침, 점심, 저녁, 오전, 오후, 낮)를 예시로 주고 고르라고 해도 됩니다. 아마 아이들은 "환하니까 낮이야!"라고 대답할 겁니다. 낮이나 오후, 점심이라고 잘 대답했다면 왜 그렇게 생각했는지 이유를 꼭 물어봐 주세요. 계절을 물어볼 수도 있습니다. 낙엽이라는 시각 단서가 있으니 가을이라고 추론할 수 있겠네요. 쓰기 연습이지만 시각 정보를 읽는 연습도 함

께 할 수 있습니다.

육하원칙 말하기를 한 다음에는 그대로 문장을 쓰면 됩니다. 그러면 자기 눈으로 깔끔한 문장이 쓰인 것을 확인하게 되지요. 말하고 쓰면 쉽습니다. 옆에 있는 다른 사물이나 인물을 주어로 해서 육하원칙 말하기, 쓰기를 반복해도 됩니다.

누가	강아지가
언제	
어디서	남자아이 옆에서
무엇을	구슬치기 하는 것을
어떻게	바라본다

앞선 장면과 같은 시간대니 '언제'는 패스해도 됩니다. 그림에 따라 여섯 가지를 다 채울 수 있는 경우도 있고, 아닌 경우도 있으니 조율하면 됩니다.

slow, steady, special tip

- '왜'는 대답하기 가장 까다로운 질문이랍니다. 나머지 다섯 개에 익숙해진 후에, 단서를 알려 주고 천천히 시도해 보세요.

22

쉬운 설명문을 써 보아요

STEP 1

WHY – 왜 해야 할까요?

학년마다 국어 시간에 설명문을 직접 써 보는 단원이 있습니다. 1학년은 아직 쓰기가 익숙하지 않으니 말로 설명하기부터 시작합니다. 친구들에게 설명할 물건을 정하고 그 물건의 크기, 모양, 색깔을 떠올려 말하는 활동입니다. 2학년이 되면 여기에 내가 왜 그 물건을 설명하고 싶은지 이유를 덧붙여 드디어 간단한 설명문을 씁니다. 중학년 이상이 되면 어떤 것을 설명할 때 쓰는 다양한 방법들(비교, 예시 등)을 배우며 글쓰기가 확장되지요.

설명문이라는 단어가 주는 느낌은 다소 무겁지요? 그래서 우리 아이와는 관계없는 글쓰기처럼 느껴질 수도 있겠습니다. 하지만 들어가야 할 필수 내용을 알려 주고 반복적으로 써 보면 구조가 있는 글쓰기라 오히려 쉽습니다. 그리고 아이들도 이 구조에 익숙해지면 그럴듯한 글을 써 보는 경험을 할 수 있습니다. 이 경험이 '나도 글을 쓸 수 있네!'라는 자신감을 줍니다.

STEP 2

HOW TO – 어떻게 할까요?

글쓰기는 쉽지 않기에 나와 관계있는 것부터 쓰도록 해야 합니다. 설명문도 마찬가지이지요. 아이가 이미 알고 있고 본 적이 있는 친근한 물건과 사람부터 시도합니다. 좋아하는 음식, 먹어 본 음식, 해 본 놀이, 가족, 우리 집 반려동물, 친한 친구 등 말입니다.

글을 쓰기 전에 제일 먼저 해야 할 일은 관찰입니다. 잘 알고 있는 대상이지만 충분히 살펴보는 시간을 가집니다. 세밀하게 관찰하기를 힘들어하는 느린 아이들을 자주 봅니다. 집중력이 필요하기도 하고, 관찰한 것을 말로 표현해야 하는데 어휘가 부족하기 때문이겠지요. 또 뭘 봐야 하는지도 모르겠다고 하고요. 그래서 구체적으로 무엇을, 어떻게 봐야 하는지 알려 주면 좋습니다. 우리의 다섯 가지 감각기관을 활용해서 자세하게 관찰하는 방법을 알려 주고, 그것이 글로 이어지게끔 해 주세요.

1. 오감을 활용한 쓰기

오감을 활용해 관찰한 내용을 써 봅니다. 오감에 대한 설명은 사전적인 정의와 함께 예를 쉽게 들어 줍니다.

· 지우개를 오감으로 설명하기

시각	시각은 눈에 보이는 모습이야. 보니까 지우개는 어떤 모양이니? 이 지우개는 무슨 색깔이지?
촉각	만졌을 때 느껴지는 느낌이야. 지우개는 만져보니 말랑말랑하지.
미각	어떤 맛이 느껴지는지를 말해. 지우개는 먹을 수 없지. 대신, 초콜릿은 어떤 맛이지? 그래, 단맛. 그게 미각이야.
청각	어떤 소리가 들리는지를 물어보는 거야. 지우개에서는 소리가 나지 않지. 연필은 쓸 때 어떤 소리가 나지? 그래, 사각사각!
후각	코로는 냄새를 맡을 수 있지. 지우개에서도 무슨 냄새가 나는지 맡아 보자. 딸기향이 나는 것 같구나?

이렇게 함께 관찰한 후, 이번에는 아이 혼자서 오감을 활용해 물건을 설명해 보도록 합니다. 혹시 아이가 관찰한 것이 더 있다면 추가해서 말해 봐도 좋지요. 그리고 다음 칸을 글로 채웁니다.

각 칸의 문장들을 연결하면 작은 설명문이 됩니다.

설명하려는 물건	
시각	
촉각	
미각	
청각	
후각	
내가 관찰한 것	

내 지우개는 네모난 모양이고 분홍색입니다(시각).
말랑말랑하고(촉각) 냄새를 맡아 보니 딸기향이 납니다(후각).

2. 쓰임과 설명하려는 이유를 추가해서 쓰기

오감을 활용해 특징 쓰기에 익숙해지면 아이 스스로 설명하고 싶은 물건을 고르게 합니다. 그 사물을 언제 사용하는지, 용도가 무엇인지, 왜 이 물건을 설명하고 싶었는지도 추가로 써 봅니다.

설명하려는 대상	스마트폰
시각	사각형 모양
촉각	딱딱하다
미각	
청각	전화가 오면 진동이 울리거나 음악 소리가 난다

후각	
쓰임, 용도	전화 걸기, 게임하기
설명하려는 이유	내가 가장 아끼는 물건이라서

어떤가요? 설명문 지도하기, 어렵지 않지요? 어른이 쉽게 알려 주면 아이도 잘 받아들입니다. 틈틈이 쉬운 설명문 쓰기를 아이와 함께 해 보세요.

slow, steady, special tip

- 오감의 정의를 예를 들어 쉽게 설명해 주세요.
- 한 번에 모든 오감을 다루기보다는 개수를 천천히 늘려 주세요. 그리고 부모가 관찰한 것을 덧붙여 말해 주면 좋습니다.
- 아이가 쓰고자 하는 대상이 집에 없다면, 스마트폰을 활용해 사진을 제공해 주세요.

23

생각그물을 활용해 글감을 찾고 글을 써요

STEP 1

WHY – 왜 해야 할까요?

글을 쓸 때 글감 찾기와 쓰는 방법을 어려워한다고 했지요? 그런데 그 두 가지 즉, 무엇(what)에 관해, 어떻게(how) 쓸지를 한꺼번에 해결할 수 있습니다. 바로 생각그물을 활용하는 겁니다. 생각그물이란 특정 주제에 관련되어 있거나 연상되는 것을 나열하는 기법입니다. 주제 단어를 중심에 두고 연관된 아이디어나 어휘를 그물처럼 엮습니다. 예를 들어 '비'를 주제로 한다면 다음과 같은 생각그물이 만들어질 수 있겠죠.

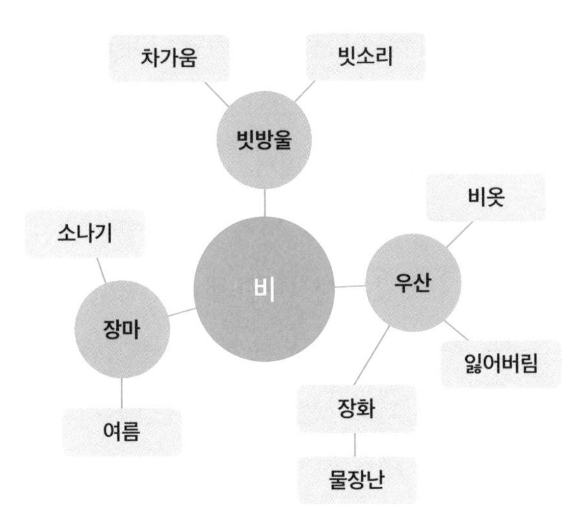

STEP 2

HOW TO – 어떻게 할까요?

느린 아이들은 생각하기를 힘들어합니다. 생각은 머릿속에서 일어나는 과정입니다. 눈에 보이지 않으니 어떻게 해야 하는지 감을 잡기가 어렵지요. 생각도 기본 재료가 있어야 합니다. 배경지식이나 어휘 같은 것 말이지요. 이 두 가지가 빈곤한 아이들이다 보니, '생각'이라는 말만 들어도 피하고 싶을 겁니다.

생각에는 단계가 있는데, 그 과정을 점프하는 아이들도 있습니다. 혹은 유아기 자기중심적 사고에서 아직 머무르는 아이들은 내가 알고 있는 것을 상대도 알고 있을 것이라 여기는 오류를 보이기도 합니다. 그래서 '비'하면 바로 '잃어버림'이라고 대답하지요. 나는 우산을 잃어버린 일이 생각났고, 다른 사람도 그것을 알겠거니 합니다. 그래서 중간 설명 없이 말하는 겁니다. 이런 경우 듣는 사람은 생뚱맞다고 느끼게 되지요. 하지만 그럴수록 생각하는 연습을 포기하면 안 됩니다. 함께 생각하며 생각의 재료들을 얻고, 다른 사람이 생각하는 과정을 보며 두뇌를 자극하는 기회가 되니까요.

그냥 생각하라고 하기보다는 눈에 보이는 생각그물을 같이 그리고, 생각을 주고받으세요. 아직은 어휘나 배경지식의 부족으로 혼자서는 생각그물이 한 번에 멋지게 그려지지 않을 겁니다. 또 떠오르는 아이디어나 어휘가 조금밖에 없어 그물이 성길 수 있습니다. 그러니 부모와 아이가 함께 생각그물을 짜 보기를 권합니다.

1. 생각그물에서 글감을 선택해요

앞의 생각그물을 보면, 비와 관련해서 처음에는 우산, 빗방울, 장마가 떠올라서 썼습니다. 우산과 관련해서는 비옷과 장화가, 장화에는 물장난이 떠올랐지요. 이렇게 하나의 생각그물 안에는 작은 생각그물이 추가로 만들어질 수 있답니다.

물론 처음부터 이렇게 구조화하지 못할 수도 있습니다. 생각나는 대로 단어를 말하기도 하죠. 비, 우산, 비옷, 빗소리, 소나기, 차가움, 장화를 주르륵 말해도 괜찮습니다. 말한 것을 모두 써 보고, 같은 기준으로 묶어 보면 되니까요. 비옷, 우산, 장화는 비 올 때 쓰는 물건으로 묶을 수 있죠.

글을 쓰기 전, 아이의 머릿속에 얽혀 있는 배경지식과 단어들을 이 생각그물을 이용해 캐내기부터 시작합니다. 그 주제에 대해서 내가 알고 있는 배경지식과 어휘가 많을수록 글쓰기가 쉽습니다. 아이가 혼자 생각하기 어려워한다면 부모와 번갈아 가며 말하고 써 봐도 됩니다. 부모가 말한 단어가 아이의 새로운 어휘와 배경지식을 꺼내 올 수 있습니다. 예를 들어 '장마'라는 단어를 듣고 아이가 '홍수'를 떠올려 말할 수도 있지요. 장마를 몰라도 괜찮습니다. 이 기회에 알려 주면 됩니다.

2. 생각그물에서 가장 큰 덩어리를 골라 쓰기

단어나 아이디어를 계속 적으면서 가장 많이 나온 덩어리를 선택합니다. 가장 많은 단어가 생각났다는 것은 내가 쓸 말이 많다는 증거이니까요. 거기에 나온 단어를 가지고 한 문장씩 말해 봅니다.

우산	비 올 땐 우산을 가지고 가야 해요. 나는 우산을 잃어버린 적이 있어요.
장화	나는 어린이집 다닐 때는 장화를 신었어요. 분홍색 장화였어요.
물장난	비가 오면 물장난했던 것이 생각나요.

이 문장을 그대로 써서 연결하면 소박하지만 하나의 글이 될 수 있습니다. 물론 문장 사이에 접속사를 쓰면 더 자연스럽고, 경우에 따라 문장의 순서를 바꿔야 할 수도 있겠지요. 공책에 옮겨

적고 나서 소리 내어 읽어 본 뒤 한두 개만 수정합니다.

처음에 스스로 수정하기 어려워한다면 부모가 살짝 옆구리를 찔러 볼 수도 있지요. 부모도 장마에 연결된 단어로 글을 쓰고 읽어 주면서 '그래서', '그리고' 등으로 연결된 예시를 보여 줍니다. 그러고 나서 엄마(아빠)처럼 아이의 글에도 접속사를 하나 넣는다면 어디에 넣을 수 있을지 질문합니다. 물론 객관식으로 선택지를 주어도 좋습니다.

흔히 하는 실수는, 생각그물에서 나온 모든 단어를 넣어 문장을 쓰고 그것들을 이어서 글을 마무리 짓는 겁니다. 그러면 글의 분량은 늘어날 수 있지만 글이 갈 길을 잃습니다. 그 주제에 대해 충분한 대화를 나누기 위해서라면 그렇게 해도 됩니다. 또 글쓰기가 익숙하지 않은 초기에 문장을 만들고 써 보는 연습으로서는 괜찮습니다. 하지만 주제가 있는 글쓰기를 연습하는 단계에 들어가면 하나의 덩어리만 선택합니다.

3. 주제를 유지하며 글을 늘리기

선택한 덩어리의 단어 개수가 많지 않아서 만들어진 문장이 적다면 어떻게 할까요? 이때 필요한 것이 문장을 늘리는 방법입니다('18. 문장 쓰는 방법을 익혀요' 참조). 꾸며 주는 말을 넣거나, 그 문장을 읽는 사람이 궁금해할 내용을 추가하면 됩니다. 나의 생각과 느낌, 경험을 넣으면 글이 더 맛깔스럽지요.

우산	비 올 땐 우산을 가지고 가야 해요. 나는 우산을 잃어버린 적이 있어요. → (우산에 대한 내 느낌과 경험) 우산을 가지고 가는 게 귀찮아요. 또 잃어버릴까 봐 걱정되고요. 엄마한테 혼이 많이 났거든요. 그때 엄마는 정말 무서웠어요.
장화	나는 어린이집 다닐 때는 장화를 신었어요. 분홍색 장화였어요. → (지금은 장화를 신지 않는 이유) 왜냐하면 불편하기 때문이에요.
물장난	비가 오면 물장난했던 것이 생각나요. → (그때의 내 마음, 꾸며 주는 말을 더하기) 비가 오면 첨벙첨벙 물장난했던 생각이 나요. 바지는 다 젖었지만 신났어요.

위 예시에서 괄호 안의 내용은 부모가 질문하면 됩니다.

그런데 생각그물을 그릴 때는 잘 말해 놓고, 글을 쓸 때는 기억을 못 하거나 다른 이야기를 쓰는 아이들도 꽤 있습니다. 그럴 때는 생각그물 종이를 옆에 두고 쓰거나, 아예 생각그물의 단어 옆에 내가 말한 문장을 써 놓는 방법도 있습니다. 나중에 그 문장을 공책에 옮겨 적고 소리 내어 읽어 보게 하세요. 어색했던 표현을 아이가 수정할 수도 있습니다. 자연스럽게 퇴고의 과정이 되지요.

짐작하셨겠지만 생각그물을 완성하고 글을 쓰는 과정에도 부모의 참여와 인내심이 필요합니다. 하지만 함께 하는 글쓰기는 아이와 대화를 나눌 귀한 기회입니다. 또 혼자서만 외롭고 힘든 글쓰기를 하지 않아도 되기에 아이도 쓸 의욕이 생길 겁니다. 그런 시간이 쌓이고 쌓이면 언젠가는 혼자 쓰는 순간이 옵니다.

slow, steady, special tip

- 생각그물을 처음 그리다 보면 부모가 보기에 엉뚱한 것들이 나올 수도 있습니다. 그 단어나 아이디어도 버리지 말고, 일단 써 놓으세요. 그리고 그것이 떠오른 이유를 물어보세요. 이야기를 듣고 전혀 연관 없는 개념이나 단어를 말했다면 정정해 주면 됩니다. 생각의 단계를 점프했다면, 중간 과정을 말로 설명하는 연습을 할 기회가 됩니다.
- 생각그물이 처음부터 멋지게 만들어지지 않더라도 실망하지 마세요. 계속하다 보면 촘촘한 생각그물이 나오게 됩니다.
- 아이와 그렸던 생각그물 종이를 보관해 두세요. 그 변화를 아이도, 부모도 함께 느껴 봅시다.

24

나와 관련된 글을 써 보아요

STEP 1

WHY – 왜 해야 할까요?

새 학년이 되면 학교에서 꼭 하는 것이 있습니다. 바로 자기소개입니다. 자기소개는 누구에게나 떨리는 일이지요. 만난 지 며칠 안 되는 선생님과 친구들 앞에서 말하기는 강도의 차이만 있을 뿐 누구에게나 긴장되는 일입니다. 실제로 학기 초에 자기소개에 대한 압박감 때문에 울면서 등교하는 아이들도 꽤 있답니다. 느린 아이의 부모님은 더 단단히 준비시키기도 하지요. 그런데 아이는 막상 앞에 나가서 이름만 말하고, 아무 말도 못 했다고 이야기합니다. 미리 연습하고 공을 들인 만큼 아이와 부모의 실망감도 커집니다.

많은 사람 앞에서 당황하면 누구든 연습한 내용이 기억나지 않습니다. 하지만 좀 더 근본적인 이유는 내 말로 만든 내 이야기가 아니기 때문입니다. 아이는 그저 부모가 만들어 준 문장을 애써 달달 외웠을 뿐이지요. 자기소개는 아이가 직접 말한 내용으로 채우고 말로 연습하고 글로 옮겨 써야 합니다. 그래야 진정한 자기소개가 되고 기억도 잘 납니다.

STEP 2

HOW TO – 어떻게 할까요?

자기소개에는 어떤 내용이 들어가야 할까요? 2학년 1학기 국어 교과서 1단원 〈만나서 반가워요!〉에서는 자기소개 방법을 배웁니다. 그리고 자기소개 글을 직접 쓰지요. 글쓰기가 익숙하지 않기에 다음 장의 예시와 같은 쓰기 틀을 제시합니다.

이것으로 앞서 이야기한 글쓰기의 1W와 1H가 해결되지요. 어떤 내용(What)을 넣고, 어떻게 써야 한다는(How) 것을 구조적, 시각적으로 보여 주니까요. 여기에 내용만 채우고 연결하면 하나의 글을 완성할 수 있습니다.

특이하게도 자기 모습에 대해 쓰라고 되어 있지요? 자기소개는 자기에 대한 설명문입니다. 어떤 대상에 관해 설명하려면 면밀한

글을 쓰는 까닭		읽을 사람	
쓸 내용			
이름			
모습			
좋아하는 것			
잘하는 것			
더 소개하고 싶은 내용			

관찰이 필요합니다. 느린 아이들은 세밀하게 보는 것을 어려워하는데요, 자신에 대해서도 그렇습니다. 제가 '22. 쉬운 설명문을 써 보아요'에서 오감 관찰 글쓰기를 안내해 드렸는데요. 그 연습을 많이 한다면 자신을 관찰할 때에도 써먹을 수 있답니다.

그럼 항목별로 아이와 어떻게 해 볼지 알려 드릴게요.

1. 이름

제일 쉬운 부분입니다. 그냥 "내 이름은 김나형입니다."라고 쓰면 되지요. 저는 여기에서 부모가 아이와 꼭 나눴으면 하는 것이 있습니다. 바로 아이 이름의 뜻을 알려 주는 겁니다.

어떤 이름이든 귀한 뜻이 있습니다. 부모가 직접 지었거나, 다른 사람의 도움을 받았을 수도 있지요. 이름의 지은이와 관계없이 그 아이가 어떻게 자랐으면 하는 소망을 이름에 담았을 겁니다. 제 이름은 나형인데요, 사실 어렸을 때는 이름이 맘에 들지 않았습니다. 사람들이 잘못 알아듣고 "나영이?"라고 되묻는 일이 잦았지요. "넌 왜 여자애면서 이름이 형이야?"라는 말도 안 되는 놀림을 받기도 했어요. 사실 제 이름에는 아름답고娜, 만사형통하라亨는 두 가지 뜻이 담겨 있습니다. 만약 누군가가 "네 이름에는 이렇게 좋은 뜻이 있단다."라고 이야기해 주었더라면 제 이름을 더 아껴 주었겠다 싶습니다.

아이에게도 자기 이름에 담긴 뜻을 알려 주세요. 엄마가, 아빠가 너에게 이런 덕목과 가치가 함께하길 바라고 있다는 것을 알려 주는 계기가 됩니다. 단, 아이가 알아들을 수 있는 쉬운 설명이어야 합니다. 제 이름 뜻처럼 '형통하라'라는 말은 아이들이 이해하기 어렵습니다. '하는 일마다 다 잘되기를 바란다'로 알려 준다면 고개를 끄덕일 겁니다.

2. 모습

거울을 보면서 자기 모습을 천천히 관찰하도록 해 주세요. '눈이 작아서 안 예쁘네', '입이 이상하게 튀어나와 있네'처럼 부정적으로 판단하지 않고 볼 수 있도록 도와주세요. 마치 사과를 관찰하며 글을 쓰듯, 네 얼굴도 똑같이 해 보자고 말합니다. 사과를 보고 덜 빨개서 이상하다고는 하지 않지요. 눈에는 쌍커풀이 있는지 없는지 살피고, 없다면 무쌍이라고 표현한다고 말해 주는 거죠. 이를 통해 '무無'는 '없다'라는 뜻의 접두사라는 사실도 알려 줄 수 있습니다. '무'가 들어가는 말에는 어떤 것이 있을지 서로 이야기해 봐도 좋습니다(무소식, 무인 가게 등). 이런 과정을 통해 자연스럽게 새로운 어휘를 익힐 수 있습니다.

그리고 자신의 얼굴을 최대한 자세히 관찰한 뒤, 가장 마음에 드는 부분을 고릅니다. 이유를 말하고 써 보게 해도 좋습니다. 자신의 외모에 긍정적인 마음을 갖는 것은 자존감에도 영향을 미칩니다. 자존감은 자신에 대한 감정이기에 얼굴과 몸에 대한 마음도 예외일 수는 없지요. 어릴 때는 부모가 무조건 "네가 이 세상에서 제일 예쁘다(잘생겼다)."라고 하는 말을 그대로 받아들였을 겁니다. 하지만 점점 학년이 올라가면서 아이들도 자기객관화가 됩니다. 객관화까지만 되면 좋은데 여러 매체의 영향으로 어떤 기준을 충족해야만 멋지고 매력적이라고 생각합니다. 이 시간을 통해 아이의 매력도 찾아 주세요. "엄마(아빠)는 네 입이 참 마음에 들더라. 사람이 야무져 보이거든."처럼 말입니다.

3. 좋아하는 것

아이는 이 칸에 부모가 별로 안 좋아하는 것을 쓸 수도 있겠네요. 스마트폰 하기, 치킨 먹기, 게임하기 같은 것을요. 하지만 자기에 대해 쓰는 글이니 이 부분은 자유롭게 쓰도록 둡니다.

4. 잘하는 것

아이가 가장 쓰기 힘들어하는 부분입니다. 아무리 생각해도 자기가 잘하는 것은 없어 보이니까요. 그렇다면 앞으로 잘하고 싶은 것을 써도 됩니다. 그러기 위해 어떤 노력을 하나씩 해 보면 될지 함께 이야기 나눠 보세요. 잔소리 대신 아이 스스로 말하면서 동기부여가 됩니다.

예전에는 못했지만 점점 나아지고 있는 점도 발견해서 알려 주세요. 다시 말하지만, 아이들은 스스로 무엇이 나아지고 있는지, 얼마나 개선되고 있는지를 모릅니다. 늘 자기가 느리고 뒤처진다고 생각하니까요.

'나를 동물이나 과일에 비유하기'도 해 봅니다. 왜 그 사물을 선택했는지 이유를 생각해 보면 자신의 장점과 보완할 단점을 쓰기가 수월합니다. '나는 ____입니다. 왜냐하면 ____하기 때문입니다.' 라는 형태로 쓰게 합니다. 제가 만난 느린 아이는 자신을 '거북이'라고 표현하더라고요. 뭐든 다른 아이보다 천천히 하고 느려서 그렇게 느껴진다면서요. 거북이는 느리지만 꾸준하지요. 그래서 아이와 그 부분을 이야기하고 써 봤습니다.

> 나는 거북이입니다. 느리지만 결국 해냅니다.

단점에만 매몰되지 않고, 그 안에서 장점을 발견할 수 있도록 도와주세요. 자기소개 글은 아이가 쓰는 첫 번째 설명문일 수도 있습니다. 자기소개 쓰기를 학년 초의 부담스러운 이벤트로만 끝내지 맙시다. 아이가 스스로를 관찰하는 기회로 만들어 주세요.

5. 그 외에 다른 방법

이렇게 공시적인 자기소개 말고도 위트 있게 자신을 소개할 방법이 있지요. 바로 삼행시 자기소개입니다. 삼행시는 아이들이 참 좋아하는데요, 학기 초에 자기소개를 말로 한다면 이 방법이 가장 인기 있을 겁니다. 삼행시를 지을 때 아이들은 그 글자가 들어간 단어를 떠올리고 연결하기 급급합니다. 그래서 전체 내용이 잘 어우러지지 않죠. 아래처럼 연결이 자연스러워야 무릎을 탁! 치는 삼행시가 됩니다.

김: 김나형입니다.
나: 나비의 날개처럼 부드럽고
형: 형광등처럼 밝은 사람이 되고 싶습니다.

처음부터 이렇게 잘할 수는 없습니다. 이때도 생각그물을 이용하면 좋습니다. '나'와 '형'으로 시작하는 단어를 쭉 적고, 그중에서 나와 관련지어 말할 수 있는 것을 선택하면 쉽습니다. 생각그물은 여기저기 쓰이는 참 유용한 도구입니다.

slow, steady, special tip

- 자기소개를 꼭 외워서 하지 않아도 됩니다. 쓴 공책을 들고 가거나 다시 한번 작은 쪽지에 옮겨 적고, 그걸 보고 해도 된다고 말해 주세요.
- 아이가 말하는 모습과 목소리를 스마트폰으로 녹화해 같이 보세요. 잘한 점과 보완할 점을 아이 스스로 발견하고 말할 수 있게 해 주면 더 좋습니다.

25

아플 때를 위한 생활문해력 ①
병원에 가요

STEP 1

WHY – 왜 해야 할까요?

아이가 아플 때 부모 마음은 애가 닳지요. 그런데 느린 아이의 부모들에게는 여기에 또 다른 애환이 있습니다. 아이들이 자신의 증상에 대해 잘 표현하지 못하기에 뒤늦은 애달픔이 또 찾아오지요. 아이가 유난히 짜증을 내서 한 소리 했는데 알고 보니 입안이 헐었거나 목이 부어서 그랬던 것을 나중에 알게 됩니다.

느린 아이들은 기본적으로 언어 표현이 서툴고 어휘력이 부족하다 보니 아픈 증상을 잘 전달하기 어렵겠지요. 게다가 신체 감각이 너무 둔하거나 반대로 과하게 예민한 경우도 종종 있습니다. 그래서 몸 상태를 아이 자신도, 양육자도 잘 파악하기가 어렵습니다.

내 몸 상태를 잘 알아차리고, 그에 맞는 돌봄과 처치를 요청하는 것은 그 무엇보다 중요합니다. 그러니 이와 관련된 생활문해력을 차곡차곡 연습해 봅시다. 이런 시간이 쌓이면 나중에 혼자서도 하게 될 겁니다.

STEP 2

HOW TO – 어떻게 할까요?

1. 아프기 전, 질병에 따른 증상 어휘와 진료과 익히기

신체 부위별로 증상은 다양하고 이에 대한 어휘도 다 다릅니다. 아프기 전, 평소에 아래 어휘에 익숙해지도록 해 주세요.

우선 어휘의 뜻을 아이의 눈높이에 맞춰 설명해 줍니다. 경험과 연결 지으면 가장 확실하게 이해하고 기억할 겁니다. 아이가 실제

머리	열이 난다, 어지럽다, 머리에 무언가 만져진다
눈	가렵다, 흐리게 보인다, 겹쳐 보인다, 따갑다
코	답답하다, 막혔다, 냄새를 못 맡겠다
입	잇몸이 부었다, 이가 쑤신다, 입 속이 따갑다, 입이 마른다
귀	부었다, 귀 안에서 소리가 난다, 답답하다
목	부었다, 침 삼킬 때 아프다, 목 뒤가 당긴다, 따끔따끔하다

열이 날 때 "열이 제법 나는구나."라고 말하고, 뭔가가 눈에 들어가서 비비는 동작을 할 때 "눈이 가렵니? 따끔하니?"라는 말을 들려주세요. 위 단어들을 무작정 외우는 것은 도움이 크게 안 됩니다. 부모가 입안이 헐었을 때 아이에게 보여 주면서 "입안이 따끔따끔하네."라고 말해 주는 등 증상에 관한 표현을 일상에서 자주 사용해야 합니다. 어휘가 입에 붙지 않아 아이가 두루뭉술하게 표현한다면 정교화도 시켜 주세요. 수영장에 다녀와서 "귀 아파."라고만 말한다면 "귓속에 물이 들어가서 그런가? 막힌 것처럼 답답하니, 아니면 무슨 소리가 나는 것 같니?"라고 다시 물어봅니다.

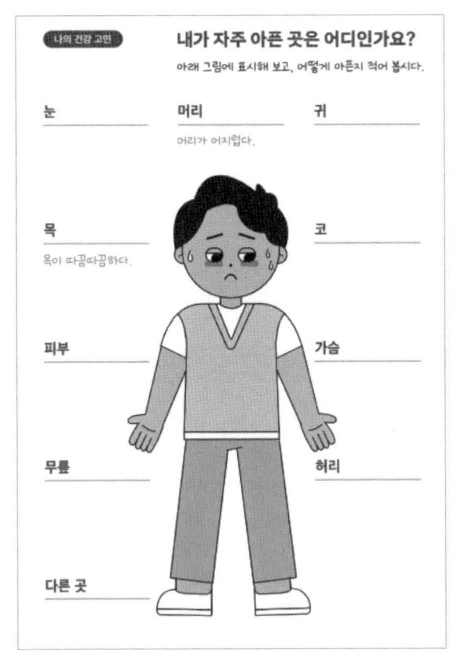

'나는 이렇게 아팠어요' 활동지 출처: 알다

아이가 증상에 관한 어휘를 얼마나 알고 있는지를 확인해 보는 과정도 필요합니다. 앞 장과 같은 활동지를 주고, 아이와 번갈아 가면서 말하고 써 보세요.

또, 아픔의 정도를 숫자로 표현할 수 있도록 해 주세요. 실제로 병원에서는 통증을 숫자와 이미지로 표현하는 도구를 사용하고 있답니다. '숫자 통증 등급'이라고 해서, 숫자의 개념을 이해하는 환자에게 '0(통증 없음)~10(상상할 수 없을 정도의 심한 통증)' 사이의 숫자로 통증의 정도를 체크하게 합니다. '얼굴 통증 등급'이라고 해서 아래처럼 표정 이미지로 선택하게도 한답니다.

우리 아이들에게도 이런 시각 자료를 활용해 보세요. 자신의 증상과 통증에 민감해지고 잘 표현하는 데 도움이 됩니다. 하나도 안 아픈 것은 0, 너무 아파서 데굴데굴 구를 정도는 10이라고 설명해 주거나 나의 지금 상태와 가장 어울리는 표정을 찾아보라고 하면 됩니다.

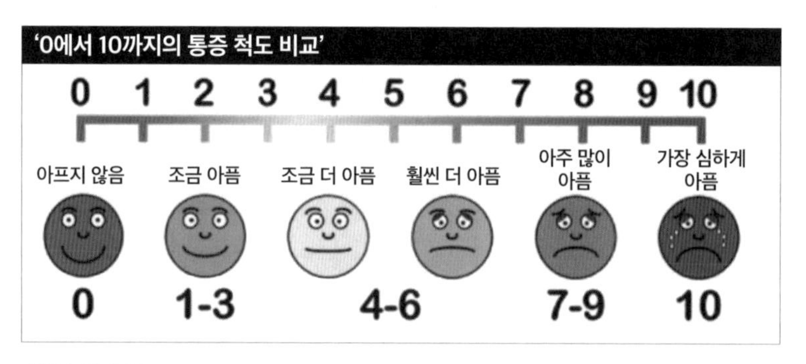

얼굴 통증 등급

아이가 병원의 진료과목을 알고 있는지도 확인합니다. 어렸을 때 배웠지만 잊어버린 아이들도 많더라고요. 대부분의 증상으로는 소아과를 가지요. 그래서 소아과, 치과, 안과는 잘 알고 있지만 자주 가지 않는 곳은 머릿속에 남아 있지 않답니다. 어휘는 쓰지 않으면 휘발되니까요.

아프기 전에 확인해 두고, 심하게 아프지 않다면 "지금 증상에는 어느 병원을 가야 할까?"라는 질문을 해 봅니다. 아이가 직접 답하게 해 주세요. 자꾸 말해 보고 경험해야 합니다.

증상	진료과	증상	진료과
손목, 발목이 삐었을 때, 뼈가 부러졌을 때	**정형외과**	손발톱이 아프거나 피부가 아플 때	**피부과**
귀, 코, 목이 아플 때	**이비인후과**	마음이 힘들 때	**정신의학과**
너무 아픈데 다른 병원이 문을 닫았을 때	**응급실**	소변을 보다가 아플 때	**비뇨기과**

2. 병원에서 해 볼 것들

• 내가 가야 할 층을 찾아요

동네 병원은 어떤 건물의 특정한 층에 있지요. 엘리베이터 앞이나 안에는 층별 안내판이 있습니다. 이 표시는 생활에서 자주 마주치지만 아이들은 그냥 지나칩니다. 어른이 보고 알려 주니 굳이 보

3	간센터, 피부과, 성형재건외과, 비뇨의학과, 산부인과, 로봇및내시경수술센터, 당일검사채혈실, 병리과, 소화기내시경실, 진단검사의학과, 인체유래물은행, 내과계집중치료실, 32병동, 격리병동
2	심혈관센터, 외과클리닉, 정신건강의학과, 척추센터, 통증클리닉, 정형외과, 류마티스클리닉, 심장기능검사실, 중앙수술실, 당일병상, 심초음파검사실, 심혈관계집중치료실, 외과계집중치료실, 신경외과집중치료실, 심혈관촬영실
1	호흡기센터, 폐기능검사실, 기관지내시경실, 통합예약, 암진료상담센터, 채혈실, 소화기센터, 신장클리닉, 인공신장실, 감염클리닉, 직업환경의학과, 장기이식센터, 유방센터, 응급집중치료실, 진료협력센터, 원무팀, 외래약국, 편의시설, 국제진료센터 (International Health Care Center)
B1	종양/혈액클리닉, 주사실, 항암통원치료실, 핵의학과, 감마나이프센터, 응급의료센터,

종합병원의 층별 안내판

려고 하지 않지요. 하지만 이때가 생활문해력을 연습할 최적의 상황이랍니다. 층별 안내는 아이가 가는 다른 장소에도(도서관, 마트 등) 있으니 갈 때마다 활용해 주세요. 규모가 큰 병원의 경우는 층별로 진료과목이 나뉘어 있습니다. 미리 도착해서 천천히 층이나 위치를 읽어 보고 찾게 해 주세요.

• 접수를 해요

병원에 가면 접수를 해야 합니다. 보통은 부모가 접수를 대신해 주니 아이들은 앉아만 있으면 다 해결되는 줄로 알지요. 일정 나이가 되면 접수도 혼자 해 봅니다. 처음 간 병원에서는 이름, 주민등록번호, 연락처를 적어야 합니다. 주민등록번호, 핸드폰 번호와 같은 개인정보는 함부로 말하면 안되지요. 하지만 공공기관에서 서비스를 받기 위해서는 외워서 스스로 적어야 하는 경우가 있습니다. 개인정보 보호는 따로 교육하되, 병원에서는 자기가 직접 적을 수 있게 외우고 써 보게 합니다.

증상에 관한 설명도 할 수 있는 만큼은 아이가 말하게 해 주세요. '목이 따끔거려요', '열이 나요', '토할 것 같아요' 등 몸의 증상에 대해 직접 현장에서 말해 보는 경험이 필요합니다. 부모에게는 잘 하지만 다른 사람 앞에서는 목소리가 기어 들어가거나, 당황해서 아는 것도 까먹더라고요.

• 내 순서를 알 수 있어요

순서를 기다리다 보면 지루해지지요. 그래서 아이는 계속 "나 언제 들어가? 얼마 남았어?"라고 묻습니다. 순서 보는 법을 알려 주세요. 대기표를 뽑게 하고 대기 번호를 확인합니다. 화면에 보이는 순서와 내 번호를 찾아 봅니다.

내가 가야 할 진료실을 같이 보고, 몇 번째인지 체크합니다. 내 이름 '김예은'을 찾으니 5번 진료실 세 번째 칸에 있습니다. 이때 순서를 나타내는 '첫 번째', '두 번째'도 알려 줄 수 있고, 조금 지나면 내가 두 번째로 바뀌는 순간을 보게 됩니다. 수가 작아지는 것을 보며 수학과 생활문해력이 연결됩니다. 이 상황을 수학의 문장형 문제로 만들 수 있거든요.

병원의 대기 순서 안내 화면

병원에서 진료를 보는데 네 명이 기다리고 있습니다. 내 번호표는 3번입니다. 방금 한 명의 환자가 들어갔다면 나는 몇 번째로 진료를 볼 수 있을까요?

문장형 문제를 꼭 문제집으로 풀지 않더라도 이렇게 생활에서 말로 해 봅시다. 문장형 문제를 푸는 이유는 생활에서 써먹기 위해서이니까요.

• 진료를 봐요

이때도 자기 증상을 최대한 직접 설명하도록 하세요. 부모는 아이가 전달하지 못한 부분에 대해 보충 설명만 해 주시고요. 실제 상황에서 말해 보고, 부모가 추가로 말한 것을 들어 보는 겁니다. 내 말에 의사 선생님이 대답해 주고, 그 말을 듣고 이해하는 과정이 의미 있는 의사소통의 기회입니다.

의사가 안 들어 주면 어쩌냐고요? 그래서 저는 아이가 진료실에 들어가기 전, 간호사에게 미리 말씀 드립니다. 아이가 느린 아이인데 자기 증상을 설명할 수 있도록 연습 중이라고요. 느린 아이 부모에게는 이런 적극성이 필요합니다. 잠깐의 창피함, 머뭇거림만 넘기세요. 그것보다는 좀 더 큰 목표를 생각합시다. 물론 아주 바쁘거나, 환자가 많은 시간은 피해서 가는 센스도 필요합니다. 우리 아이를 이해해 줄 단골 병원을 만들어 두는 것도요.

slow, steady, special tip

- 아이의 언어 수준에 맞게 신체 기관별 증상 및 진료과목 어휘를 설명해 줍니다.
- 일상에서 위 어휘들을 자주 사용합니다.
- 병원에 가서 봐야할 표지들을 보고, 접수도 직접 하게 해 봅니다.
- 진료를 보면서 배운 어휘를 사용할 기회를 주세요. 환자가 덜 붐비는 시간에 가거나 단골 병원을 만들어 두시면 좋습니다.

26

아플 때를 위한 생활문해력 ② 약을 먹어요

STEP 1

WHY – 왜 해야 할까요?

약을 먹으면서도 생활문해력을 키울 수 있습니다. 처방전과 약 봉투에 읽을거리와 유용한 어휘가 꽤 있거든요. 한번 살펴볼까요?

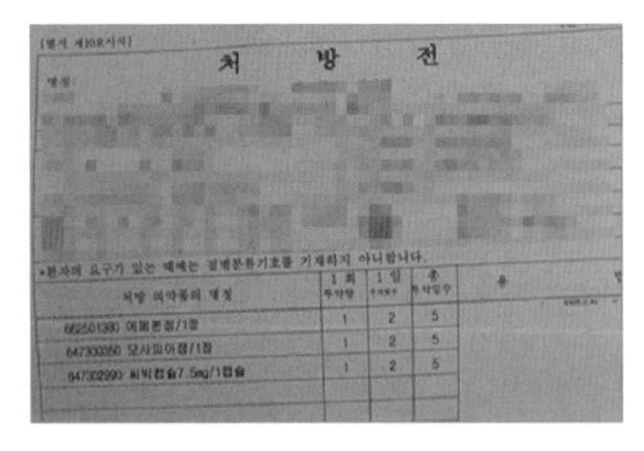

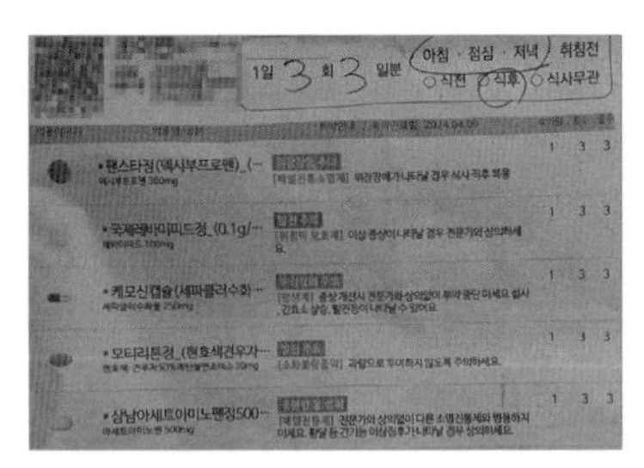

처방전과 약 봉투

처방전, 투약량, 투여횟수, 투약일수, 해열진통, 소염, 소화불량 처럼 꽤 전문적인 단어가 많이 보이네요.

STEP 2

HOW TO – 어떻게 할까요?

처방전을 같이 읽어 보고, 다음과 같은 질문들을 해 봅니다.

이 약은 언제 먹어야 할까? (식전/식후 30분/관계없음)
하루에 몇 번 먹어야 할까?
언제까지 이 약을 먹어야 할까? (오늘부터 3일분이니, 해당 날짜 계산해서 말하기)

이런 처방약 말고도 집에 있는 상비약, 매일 챙겨 먹는 비타민이 있다면 적극 활용해 보세요.

상비약에도 새로운 어휘가 많습니다. 인후통, (연질)캡슐, 기밀용기, 실온…. 약의 앞뒷면을 보고 아래 질문들을 해 봅니다.

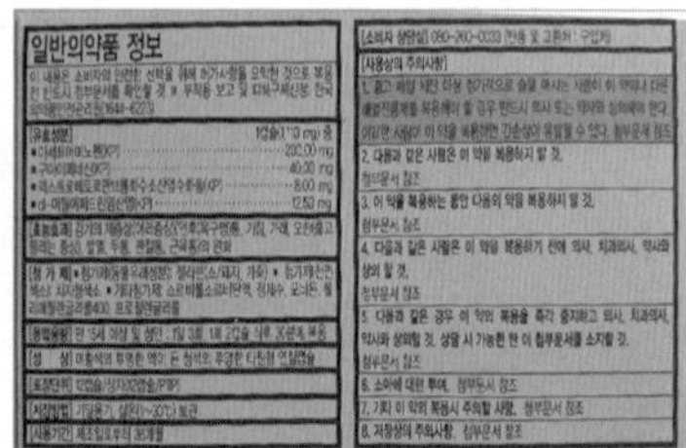

상비약

이 약은 한 번에 몇 알을 먹어야 할까?

오늘부터 먹는다면 며칠까지 먹을 수 있을까?

너는 이 약을 먹을 수 있을까? 왜 안 될까?

이 약은 어디에 보관하면 될까?

slow, steady, special tip

- 처방전, 약봉투, 약 설명서에는 많은 내용이 매우 작은 글씨로 적혀 있습니다. 필요한 부분만 뽑아서 크게 복사하거나 스마트폰으로 찍어 확대합니다. 그걸 보며 아이와 다양한 이야기를 나눠 보세요.

27

간단한 조리법을 읽고 음식을 만들어요

STEP 1

WHY – 왜 해야 할까요?

요즘에는 밀키트가 꽤 잘 나오더라고요. 조리법만 잘 따라하면 맛도, 모양도 근사한 한 끼 식사가 됩니다. 간단한 조리법을 읽고 따라 해 보는 활동은 아이들에게 자립 연습도 됩니다. 게다가 읽기 연습도 되니 안 할 이유가 없지요.

STEP 2

HOW TO – 어떻게 할까요?

1. 식품 포장지 읽기

처음에는 간단한 것부터 합니다. 컵라면이 글자 수도 많지 않고 아이들이 좋아하는 메뉴라 첫 도전으로 적합합니다.

용기, 표시선, 조리, 220ml처럼 생활에서 잘 쓰지 않는 어휘들이 있네요. 이 기회에 같이 자연스럽게 읽어라도 봅니다. 모르는 낱말은 설명해 주시고요.

조리법은 두 가지가 있으니, 아이가 선택하도록 합니다. 선택한 방법의 순서를 읽으며 그대로 만들어 봅니다. 순서에 따라 일을 차

컵라면에 적혀 있는 조리방법

근차근 해 보는 실행력 연습이 됩니다. 포장지의 조리법 그대로 물의 양과 시간을 지키면 가장 맛있게 만들어진다고 하네요. 읽는 활동이 나에게 도움을 준다는 것을 확실히 체험해 볼 수 있습니다.

2. 조리 과정 중 읽은 내용을 확인하는 질문하기

조리의 단계마다 내가 읽은 것을 기억하고 떠올려야 할 때가 있습니다. 예를 들어 넣어야 할 물의 양이나 뜨거운 물을 넣고 난 후 기다려야 하는 시간 같은 것 말입니다. 일반 아이들이나 어른들은 무의식적으로 착착 진행하지만, 느린 아이들은 갑자기 멍해지거나 당연한 것도 잘 해내지 못하는 모습을 보입니다. 처음에는 부모가 떠올릴 수 있게 질문해 주세요. 나중에는 부모의 질문이나 지시 없이 혼자서 해내게 됩니다. 이런 과정을 내면화라고 하는데요, 내가 나에게 질문하고 해결책을 찾는 멋진 과정입니다.

전첨, 후첨스프가 각각 어느 것이니?
물을 붓는 표시선은 어디 있고, 어디까지이니?
물을 얼마만큼 받아야 하지?
물을 붓고 몇 분간 기다리면 맛있게 될까?
후첨스프를 넣은 다음에는 뭘 해야 할까?

slow, steady, special tip

- 간단한 요리를 통해 순차적으로 일을 처리하는 실행 능력을 연습할 수 있습니다.
- 밀키트에 익숙해지면 어린이용 요리책을 보고 다른 메뉴도 도전해 봅니다.

28

생활과 연관된 시간/날짜 개념을 익혀요

STEP 1

WHY – 왜 해야 할까요?

글은 아니지만 아이가 읽고 알아야 할 것이 있습니다. 바로 시계와 달력입니다. 실제로 아이의 생활에는 시간 개념과 관련된 어휘가 곳곳에 담겨 있습니다. 매일 정해진 시간까지 학교를 가야 하고, 수업 시간과 하교 시간이 정해져 있지요. 쉬는 시간은 10분입니다. 대부분의 학교는 월, 화, 목, 금에 늦게 끝나고, 수요일에는 일찍 끝나죠. 언어 수업은 월, 금 4시 30분에 시작되고 특수체육은 화, 목 5시에 합니다. 주말이 지나면 다시 한 주가 시작되고 한 주가 네 번 지나면 새로운 달이 됩니다.

STEP 2

HOW TO – 어떻게 할까요?

시, 분, 초, 요일, 일주일, 한 달, 일 년과 같은 기본 개념을 알고 있는지 점검합니다. 모르고 있거나 헷갈리는 부분은 다시 복습하면 됩니다. 이미 개념을 잘 알고 있다면 아이 생활과 연관된 질문을 해 봅니다. 일주일은 7일, 한 달은 4주라는 것을 기계적으로 달달 외우고 있지만, 7월 22일부터 1주일 동안 여행을 간다고 하면 언제 돌아오게 되는지 모르는 아이들이 꽤 있습니다.

- **학교생활 관련 질문하기**

  학교에 가야 하는 시간을 등교 시간이라고 해. 너의 등교 시간은 몇 시이지?
  우리 집에서 학교까지는 20분 걸려. 그럼 몇 시에 나가야 할까?
  쉬는 시간은 몇 분이지? 1교시가 9시 50분에 끝나면 2교시는 몇 시에 다시 시작할까?
  점심시간은 몇 시부터 몇 시까지이니? 그럼 총 몇 분일까?
  학교 끝나는 시간은 하교 시간이라고 한단다. 하교 시간은 몇 시이니?

- **방과 후 생활 질문하기**

  언어 수업 가는 요일은 무슨 요일이지? 일주일에 몇 번 가지?

언어 수업은 몇 시에 시작하지? 집에서 30분 걸리니 몇 시에 나가야 할까?

매주 수요일마다 미술 수업 가잖니? 그럼 한 달에 몇 번 가는 거지?

다음 주 미술 수업에 가는 날짜는 며칠이니?

- **달력을 보며 질문하기**

방학식(개학식)은 며칠이니? 방학(개학)까지 며칠/몇 주 남았을까?

벌써 6월이네, 올해가 몇 달 남았을까?

여름(겨울)방학은 몇 주간이니?

시간 개념과 어휘를 잘 익혀야 하는 이유는 무엇일까요? 우선 수학 문제를 푸는 데 도움이 되겠지요. 초등 1학년 때, 시계 보기부터 시작해서 학년마다 시간과 날짜에 대해 배우니까요. 하지만 궁극적으로는 아이가 살아가면서 자기 시간을 관리하는 데 이 지식들이 요긴하게 쓰입니다. 가야 할 시간을 누가 일일이 말해 주지 않아도 스스로 알아야 합니다. 제 시간에 가려면 몇 분 전에 준비해야 하는지도 생각해야 하지요. 준비 시간도 너무 빠듯하게 두면 곤란합니다. 중요한 일정은 며칠이 남았는지 등을 알고 대비할 수 있어야 해요.

실제로 제가 아는 20대 느린 학습자에게 이런 경우가 있었습니다. 졸업 후 면접을 보러 가는데, 면접 시간이 오후 2시였습니다.

집에서 면접장까지의 경로와 소요 시간을 검색하는 것까지는 했답니다. 여기까지도 훌륭한 일입니다. 하지만 대중교통은 밀리기도 하고 제때 오지 않기도 하죠. 이걸 앱으로만 검색해서 딱 소요 시간만큼만 남겨 두고 나갔답니다. 이 청년은 어떻게 되었을까요? 면접장에 늦어 면접 자체를 보지 못했습니다. 생활에서 직접 해 보지 않으면, 머리로만 시간 개념을 알고 있으면 이런 황당한 일이 일어납니다.

시계와 달력은 틈틈이 보고 이야기 나누도록 해 보세요. 부모만 시간과 일정을 체크하고, 아이를 택배 배달하듯 실어 나르지 마세요. "자, 언어 수업 가자. 어서!"라고 말하는 아이의 알람 시계 역할에서 점차 벗어납시다. 언제 일일이 가르치나 싶겠지만 지금부터 조금씩 알려 줘야 합니다. 그래야 아이 안에 자기만의 알람 시계가 생깁니다.

slow, steady, special tip

- 시간과 날짜에 관련된 기본 개념이 잡혀 있는지 먼저 확인하고, 모르는 부분을 함께 연습합니다(1년은 몇 개월/1주일은 며칠/내가 센터에 가는 시간 등).
- 일상에서 시간과 관련된 질문을 해 보세요. 자연스럽게 수학의 문장형, 서술형 문제 연습이 됩니다.

29

이곳저곳에 읽을거리를 붙여요

STEP 1

WHY – 왜 해야 할까요?

읽기와 쓰기의 일상화를 위해 집안 여기저기에 읽을거리와 쓰기 물품을 펼쳐 놓습니다. 처음 한글을 가르칠 때 가구나 가전제품에 해당 단어를 붙여 놓고, 종이와 크레파스를 거실에 펼쳐 두었듯이 말입니다. 아이가 익숙해지면 좋을 어휘, 아이의 일정, 아이가 만만하게 쓸거리를 이곳저곳에 다양하게 배치합니다. 집에서 머무르는 시간이 많은 나이이고, 느린 아이들은 그런 시간이 더 많으니 이 방법이 효과적입니다.

STEP 2

HOW TO – 어떻게 할까요?

1. 칠판 활용

아이 방이나 거실에 칠판을 걸어 둡니다. 그 안에 새로 알게 된 단어 혹은 교과 어휘, 학습도구어 같은 것들을 직접 쓰게 합니다. 집안 곳곳을 오갈 때마다 자연스럽게 보게 되니 노출 효과가 있습니다.

2. 일정표 활용

직접 주간/월간 일정표를 만들거나 시중에 파는 기성품을 이용해도 좋습니다. 나의 시간과 할 일을 스스로 챙길 수 있도록 꾸준히 쓰고 붙여 두어 확인하는 습관을 들입니다.

A4용지를 이용해 주간 일정표를 직접 만들어 봅니다. 날짜와 요일을 쓰고 표 안의 선도 자를 이용해 똑바로 긋습니다. 소근육이 좋지 않거나 힘이 없는 아이들은 자를 똑바로 대는 것, 자를 꽉 붙잡고 선을 평행으로 긋는 것도 어려워하거든요. 자를 쥐는 힘이 부족해 자가 사선으로 밀려 내려가기도 합니다. 월간 일정표는 스케치북 사이즈가 적당합니다. 역시나 날짜와 요일을 쓰고 선을 직접 그어 봅니다.

위 두 가지는 나의 일정을 확인하는 용도뿐만 아니라 내가 해야 할 일을 적고 완수 여부를 기록하는 목적으로도 활용해 보세요. 저는 아이가 매일 해야 할 일을 아이와 함께 미리 정하고 해냈을 때 스티커를 붙이도록 했습니다.

선긋기는 잘하고 또 모양을 중시하는 아이라면 기성품을 추천합니다. 인터넷에 '초등 투두리스트'라고 검색해 보세요. 할 일을 하고 나서 체크 표시를 옮기는 재미와 성취감이 있답니다. 위 방법들은 눈에 보이지 않는 일의 목록과 순서를 시각적으로도 확인시켜 줍니다. 더불어 내가 해낸 것을 그때마다 알 수 있어 성취감도 줍니다.

3. 자주 가는 장소 이용

우리 집에서 아이가 하루에 가장 많이 가는 곳은 어디일까요? 아마도 화장실이나 부엌이지 싶습니다. 어휘는 자주 마주쳐야 한다고 했지요? 그렇다면 자주 가는 곳에 어휘 포스트잇이나 쪽지를 붙여 둡니다.

• 화장실

스위치나 문 앞, 거울, 문 뒤나 변기 옆 벽면 등을 활용합니다. 스위치나 문 앞에 붙일 때는 아이 시선에 맞춰 붙여 놓습니다. 거울은 하루에도 몇 번이나 보니 붙여 놓기에 안성맞춤이지요. 습기가 있는 공간이니 유성매직으로 단어를 쓰게 하거나, 부모가 써 둡니다. 물파스를 사용하면 지워지니 걱정 마시고요. 지울 때도 아이가 직접 해 보게 합니다. 꾹꾹 눌러 말끔히 지워야 하니 소근육 훈련도 됩니다. 변기에 앉으면 시선은 문 뒤나 변기 옆이 되겠네요. 마찬가지로 앉아 보고 높이에 맞게 붙여 둡니다.

• 부엌

냉장고나 식탁, 정수기 등 활용할 수 있는 곳이 많습니다. 냉장고의 경우 문에 사진이나 요리 레시피, 공과금 고지서 등 다른 것들이 너무 많이 붙어 있으면 시선이 분산됩니다. 이 공간을 활용한다면 어휘만 붙여 놓습니다. 식탁에 유리를 깔고 쓴다면 유리 아래에 쪽지를 넣어 두는 것도 좋은 방법입니다. 밥을 먹으며 어휘와 눈 맞춤이 되겠네요. 정수기도 하루에 몇 번이나 찾아가는 곳이니 활용해 보세요.

• 현관문이나 방문

현관문과 자기 방 문은 하루에도 몇 번씩 지나가죠. 이 공간도 활용해 봅니다. 저의 경우 불을 안 끄거나, 창문을 안 닫고 나갔다 낭패를 본 경우들이 있었어요. 그래서 나가기 전, 제가 체크해야 할 사항을 적은 쪽지를 붙여 놓기도 했습니다. 어휘뿐만 아니라 아이들이 외출 전 점검해야 할 것도 여기다 적어 놓으면 좋습니다. 느린 아이들이 자기 관리가 안 되는 경우가 있거든요. 바지나 치마를 한쪽으로 쏠리게 입거나, 상의를 양쪽 어깨에 맞춰서 입지 않아 애매한 모습으로 학교에 갑니다. 얼굴에 묻은 것을 떼지 않거나 머리에 까치집을 짓고도 그냥 가지요. 거울에 비친 자기 모습을 스스로 모니터링 하는 것이 익숙하지 않은가 봅니다. 외출 전 방문이나 현관 앞에 '나의 모습 체크리스트'를 적고 하나씩 확인하고 나가도 좋겠습니다.

나의 모습 체크리스트
☑ 옷이 비뚤어지지 않았나요?
☑ 얼굴에 뭐가 묻었나요?
☑ 머리는 어떤가요?

체크리스트에 적을 문장도 아이가 말로 하고, 직접 쓰게 해 주세요. 어른이 컴퓨터로 출력하면 글씨는 더 깔끔하겠지만, 아이의 습관은 깔끔해지지 않는답니다.

slow, steady, special tip

- 칠판은 자석 칠판부터 벽에 직접 붙일 수 있는 시트지 형태까지 다양하답니다. 우리 가정에 맞게 골라 보세요. 단, 아이가 편하게 서서 쓸 수 있고, 단어가 보일 수 있는 위치에 붙여 주세요.
- 일정표, 나의 모습 체크리스트 등은 아이와 대화를 나누며 내용

을 정하고 꼭 직접 쓰게 해 주세요. 어휘도 마찬가지입니다. 쓰기 연습도 할 소중한 기회입니다.

- 위 모든 것을 다 하면 집이 너무 지저분해지고, 숨 막히는 공간이 될 수 있습니다. 그러니 우리 아이에게 맞춰 골라서 해 보세요.

30

직접 영화표를 예매하고 보러 가요

STEP 1

WHY – 왜 해야 할까요?

방학이나 주말에 영화를 보러 간다면 이 시간도 생활문해력을 연습할 귀한 기회입니다. 표 예매부터 자기 좌석에 앉기까지 읽기와 문제 해결의 과제를 시시각각 경험할 수 있답니다. 처음부터 모든 과정을 다 하기보다는 한 번에 하나씩을 목표로 해 보세요. 또는 아이가 할 수 있는 단계부터 함께 해 봅니다. 그리고 익숙해지면 늘려 갑니다.

STEP 2

HOW TO – 어떻게 할까요?

1. 영화표 예매하기

① 인터넷에서 내가 볼 영화 제목 입력하기

같이 보기로 한 영화 제목을 글씨로 써 본 뒤, 인터넷에 입력해서 검색합니다. 혼자서 쓸 수 있는 아이는 스스로 써 보고 부모가 불러 주고 쓰게 해도 됩니다. 아닌 척하는 받아쓰기입니다. 아직 쓰기 연습을 하는 아이라면 부모가 써 주고, 따라 쓰게 해도 됩니다. 바로 검색창에 입력하고 싶어 하겠지만 꼭 직접 써 보는 것을 추천합니다.

② 다양한 정보를 읽고 선택하기

검색 후, 읽고 선택해야 할 것들이 꽤 있습니다. 날짜, 지역, 영화관을 선택하면 예매 가능한 시간대가 나옵니다.

③ 좌석 선택하기

이제 좌석을 골라 봅니다. 화면에 나온 다양한 시각 정보를 보고 해석해야 합니다. 여러 선택지에서 나에게 가장 유리한 결정을 하는 연습도 됩니다.

스크린이 어디에 있는지, 남은 자리 중 가장 좋은 자리는 어디

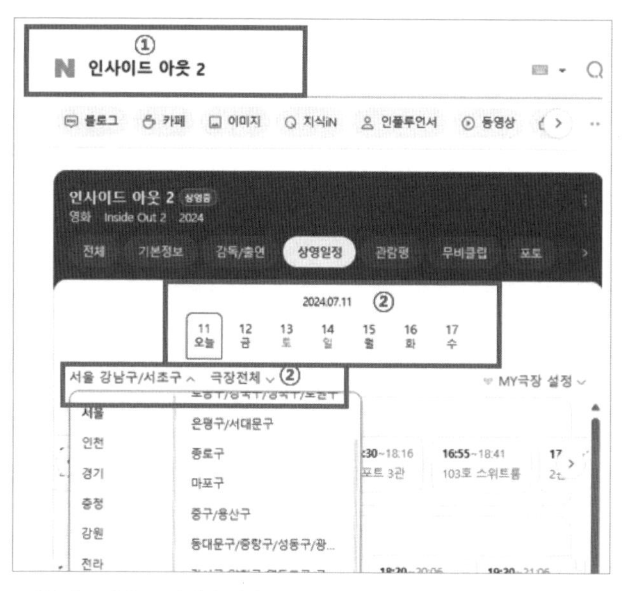

〈인사이드 아웃2〉 검색창 예시

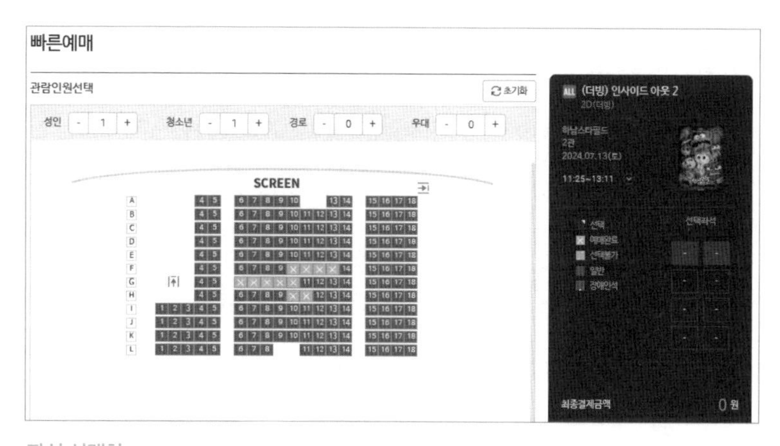

좌석 선택창

인지 이야기를 나눕니다(너무 멀지도, 가깝지도 않은 자리이겠지요). 다른 사람과 붙어 앉기가 부담된다면 통로 자리를 선택할 수도 있습니다. 이렇게 좌석 배치도를 보는 방법을 알려 줍니다. 예매완료나 선택불가, 장애인석 등의 표식도 확인해 보고 그에 따라 남는 자리를 선택해야 한다는 것도 알려 줍니다. 예매, 관람인원, 경로, 우대, 더빙, 선택불가 등 이 화면에서 아이에게 알려 줄 수 있는 단어들이 꽤 됩니다.

2. 관람하러 가기

① 극장 찾아가기

극장까지 대중교통으로 간다면 우리 집에서 가는 방법을 인터넷이나 스마트폰으로 검색합니다. 지하철을 탄다면 어디서 타서 어디서 내리는지, 몇 번 출구로 나가야 하는지, 버스를 탄다면 타고 내려야 할 정류장이 어디인지, 몇 정거장을 가야 하는지 확인합니다. 도착해서 건물 안으로 들어가면 읽을거리가 또 있답니다. 건물 층별 안내판을 보고 몇 층으로 가야 하는지 확인해 봅니다.

② 티켓을 내 손으로 받기

매표소에서 티켓을 직접 받아도 되고, 요즘에는 키오스크가 보편화 되어 있으니 이것도 이용해 봅니다. 키오스크에도 읽을거리가 많답니다. 주차 등록도 가능하니 차를 가져갔다면 아이에게 차

번호를 불러 주고 직접 눌러 보게 합니다.

키오스크 화면

③ 상영관과 자리를 찾아가기

드디어 티켓이 나왔습니다. 여기서도 읽을 것이 많습니다. 몇 번째 상영관으로 가야 하는지, 그 상영관은 몇 층에 있는지, 내가 예매한 시간과 영화 제목이 맞는지도 볼 수 있지요. 자, 이제 드디어 마지막 관문, 자리 찾기입니다. 티켓에 나와 있는 좌석 번호를 본 뒤 좌석 안내도에서 찾아냅니다. 생활에서 자연스럽게 하는 시지각 연습입니다.

재차 강조하지만 처음부터 모든 단계를 다 해야 하는 것은 아닙니다. 앞의 것 중 한두 개부터 해 보세요. 지금까지는 부모를 따라 자리에 앉기만 했을 테니 힘들다고, 못한다고 손사래를 칠 수도 있습니다. 부모 입장에서도 일일이 설명해 주기가 번거롭게 느껴질 수 있겠네요. 하지만 이런 능력들이 하루아침에 얻어지지 않는다는 사실을 기억합시다. 그러니 오늘 조금, 다음에 또 조금씩 해 봅시다.

slow, steady, special tip

- 위 과정에는 많은 읽기와 쓰기 활동이 섞여 있습니다. 검색-예매-극장 찾아가기-자리 찾아가기 등 단계도 많지요. 너무 욕심내지 말고 처음에는 가볍게 하나씩 시작하세요. 가르치는 사람이 부담을 가지면 배우는 아이도 영향을 받습니다.
- 위 활동을 해 보고 일기나 체험학습 보고서를 써 봐도 됩니다. 직접 해 보니 어떤 것이 어려웠는지, 내가 잘 해낸 점은 무엇인지 등을 이야기 나누며 정리해 봅니다. 이때 아이가 잘한 점을 꼭 한 가지라도 말해 주세요.

31

관심 있는 것에 관해 읽고 써요

STEP 1

WHY - 왜 해야 할까요?

느린 아이여도 관심 있는 분야가 하나쯤 있다면 그걸 읽기와 쓰기에 연결해 봅니다. 읽고 쓰기를 힘들어하고 싫어하는 아이여도 흥미가 있는 것은 그나마 읽거나 끄적거리더라고요. 다음의 방법들은 저희 아이와 했던 것인데, 관심 분야가 비슷하다면 아이와도 함께 해 보세요.

STEP 2

HOW TO – 어떻게 할까요?

1. 학교 급식표 보고 메뉴 써 보기

아이가 먹을 것에 관심이 많다면, 학교에서 나눠 주는 식단표를 읽고 쓰게 해 보세요. 제 아들이 자주 했던 질문은 "내일 급식 메뉴 뭐예요?"였습니다. 휴일에 점심을 먹으며 "저녁에 뭐 먹을 거야?"도 자주 물어봤지요. 처음에는 이런 질문들이 부담스럽기도 했는데, 생각해 보니 읽고 쓰기에 연결시켜 볼 수 있겠다 싶더라고요.

학교 알리미로 오는 주간급식표를 함께 읽는 것부터 시작했습니다. 나중에는 학교 홈페이지에서 월간급식표를 출력했고요. 많이 할 필요도 없고, 딱 이번 주 만큼만 읽고 쓰면 됩니다. 나이가 더

6월호

맛있는 점심메뉴 (Good Lunch Menu)

발행인 : 교장선생님
지 도 : 교감선생님
편 집 : 영양선생님

식재료 원산지	쌀(밥,죽,누룽지)	김치(배추 고춧가루)	쇠고기/가공품	돼지고기/가공품	닭고기/가공품	오리고기/가공품	낙지 주꾸미	명태(동태, 코다리)	오징어/가공품	갈치	고등어	꽃게	조기	어묵	다랑어	두부류	콩국수/콩비지
	국내산	국내산	국내산	국내산	국내산	국내산	중국,베트남	러시아산	국내산,페루	국내산	국내산	국내산	국내산	국내산	원양산	국내산	국내산

알레르기 정보: ①난류 ②우유 ③메밀 ④땅콩 ⑤대두 ⑥밀 ⑦고등어 ⑧게 ⑨새우 ⑩돼지고기 ⑪복숭아 ⑫토마토 ⑬아황산염 ⑭호두 ⑮닭고기 ⑯쇠고기 ⑰오징어 ⑱조개류(굴,전복,홍합 포함) ⑲잣 ★알레르기 유발 식품은 식단 옆에 번호로 표시합니다.
☞ 기타 표기되지 않은 식품의 알레르기 증상을 보이는 학생들은 급식 시 각별한 주의를 부탁드립니다.

※ 화성시 초등학교 무상급식은 교육청 45.98%, 도청 13.34%, 지자체(시청) 40.68% 예산 지원으로 운영됩니다.

월(MON)	화(TUE)	수(WED)	목(THU)	금(FRI)
6/3	6/4	6/5([illegible])	6/6	6/7
햇완두콩밥 차돌박이된장찌개(5.6.16) 가자미살튀김(5.6) 도라지오이생채(5.6.13) 깍두기(9) 파인애플	무농약고칼슘기장밥 참치김치찌개(5.6.9.16) 훈제오리+떡찜(2) 숙주미나리무침 열무김치(9) 골드키위	대파햄볶음밥(1.5.6.10.13) 구운어묵탕(1.5.6) 숯불데리야끼닭꼬치(5.6.15) 로제떡볶이(2.5.6.13.16) 포기김치(9) 요구르트(2)	현충일	고칼슘미네랄현미밥 아귀순살맑은탕(5) 매운돼지갈비찜(5.6.10.13) 콘치즈구이(1.2.5.13) 포기김치(9) 수박
• 에너지/단백질/칼슘/철 438.0/23.1/157.7/1.9	• 에너지/단백질/칼슘/철 505.1/25.0/197.1/4.1	• 에너지/단백질/칼슘/철 693.0/25.3/222.6/7.4		• 에너지/단백질/칼슘/철 629.1/29.6/229.9/3.2

식단표 예시

어리거나, 아이가 힘들어하면 오늘 것만 합니다. 쓰기뿐만 아니라 식단표를 함께 살펴보며 다음과 같은 활동도 해 볼 수 있답니다.

① 다양한 어휘 습득

6월 3일, 햇완두콩밥을 읽고 쓰면서 '햇'의 의미를 알려 줄 수 있지요. '햇'은 '그 해에 처음 나온'이라는 뜻의 접두사입니다. 햇감자, 햇사과처럼 쓰이지요. 요즘은 식재료가 계절에 상관없이 마트에 나와 있습니다. 그래서 어른들도 언제 처음 수확되는지 잘 모릅니다. 아이들이 들어 볼 일은 더욱 없지요. 어휘는 자꾸 듣고 말하고 써야 한다는 것, 기억하시죠? 이렇게 식단표에 나왔을 때 함께 읽어 보고 그 뜻을 알려 주세요.

내일 햇완두콩밥이 나오네. 햇완두콩밥은 올해 처음 나온 완두콩으로 지은 밥이야.

이것 말고도 알려 줄 단어들이 꽤 많습니다. 채식 식단, 절기 음식, 알레르기, 유제품, 어패류…. 하지만 한 번에 너무 많은 어휘를 알려 주려는 마음은 붙잡아 두세요. 아이가 궁금해서 묻는 것, 우리 아이 수준에 맞는 것부터 합니다. 재차 강조하지만 어휘 설명은 쉽게 풀어서, 아이의 경험과 연결 지어 주면 기억에 오래 남습니다.

유제품의 '유'는 '우유'라는 뜻이야. 우유로 만든 또 다른 음식으로는 뭐가 있을까?

만약 아이가 배경지식이 없어 대답을 못 한다면 이참에 치즈, 요거트의 원료가 우유라고 알려 주면 됩니다.

설날에 떡국을 먹었던 일, 여름에 아주 더울 때 삼계탕을 먹었던 일, 기억나니? 우리 조상들은 특별한 날이나 계절에 어떤 음식을 정해 놓고 먹었어. 그걸 절기 음식이라고 해.

아이가 다음번에 이 어휘를 기억하지 못해도 실망하지 마세요. 급식표는 매달 새로 나오지만, 메뉴는 반복됩니다. 유제품, 어패류와 같은 단어는 계속 나오지요. 복습할 기회가 있으니 그때 또 읽고 써 보면 됩니다.

② 시각 주의력 연습

식단표를 보면 메뉴마다 옆에 괄호가 있고 안에 숫자들이 쓰여 있습니다. 이 숫자는 무엇일까요? 알레르기를 유발할 수 있는 식재료를 숫자로 표시해 놓은 것입니다. 해당 메뉴에 어떤 성분이 들어 있는지 알려 주지요. 예를 들어 6월 3일 차돌박이 된장찌개에는 5(대두), 6(밀), 16(소고기)이 포함되어 있네요. 이런 식품에 알레르기가 있는 아이는 주의해야 하니 중요한 정보입니다.

알레르기 정보는 표의 위나 아래에 있으니, 메뉴와 위치적으로 좀 떨어져 있습니다. 시각 주의력이 낮은 아이들은 이렇게 떨어져 있는 정보 찾기를 어려워합니다. 식단표를 활용해서 해당 번호가 무엇을 의미하는지 찾아보는 연습도 해 보세요.

2. 취미를 읽기와 쓰기로 연결시키기

저희 아이는 노래 부르고 듣는 것을 좋아했습니다. 유튜브로도 주로 노래 모음을 들었지요. 그것도 옛날 노래 모음이요. 그런데 자세히 보니 화면이 아래처럼 고정되어 있더라고요. 플레이되는 노래 제목은 색깔로 표시되고요.

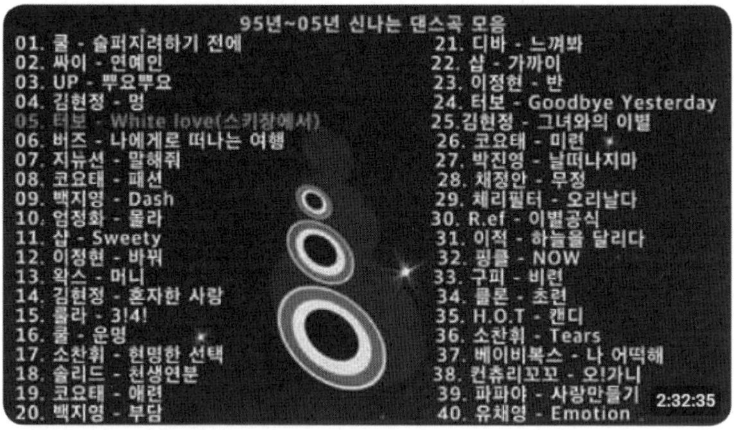

유튜브 플레이리스트 화면

아이랑 같이 노래를 듣고 부르며, 다음 노래가 시작될 때마다 제가 모르는 척 물었습니다. "이 노래 제목이 뭐지? 엄마가 예전에 듣던 건데. 아, 기억이 안 나네~" 그러니 아이가 기꺼이 읽어 주더군요. "터보, 스키장에서." 영어로 된 노래 제목이나 가수 이름은 모르니 넘어가기도 하고, 어떤 날은 어떻게 읽는지 물어보기도 해서 놀랐답니다. 역시 자기가 좋아하는 분야에는 호기심이 생기는구나 싶더라고요. 그 뒤에 제 대사는 좀 바꿔야 했습니다. "아, 이거 소찬휘 노래인데 뭐였지? 엄마 늙었나 봐~" 늙은 엄마가 자세를 낮추니 아들이 또 읽어 주네요. "현명한 선택!"

그 뒤로는 아이와 코인 노래방을 함께 가기 시작했습니다. 단, 가기 전에 내가 부를 10곡을 미리 적도록 했지요. 5천 원에 딱 10곡만 부를 수 있으니 정해 놓고 가자고 말이죠. 자기가 좋아하는 노래를 부르기 위해서 순순히, 그리고 아주 신중하게 적더라고요.

이것은 저와 제 아이가 경험한 하나의 예시입니다. 여러분의 자녀가 좋아하는 것이 있다면 그것을 꼭 읽기와 쓰기로 연결시켜 보세요. 아이에게 좀 더 수월하고 의미 있는 읽기와 쓰기가 됩니다.

slow, steady, special tip

- 우리 아이는 관심사가 없는 것 같나요? 아이를 잘 관찰해 보세요. 유난히 시간을 많이 보내거나, 질문을 많이 하는 것이 바로 관심사입니다.

- 아이가 보이는 관심사가 부모 마음에 들지 않을 수도 있겠네요. 저도 아이가 식사 메뉴에 관심을 보일 때 그랬답니다. 하지만 관심사는 큰 동기를 불러일으킵니다. 그러니 마음에 들지 않아도 그것을 읽고 쓰기에 어떻게든 연결시켜 봅시다.

32

체험학습 보고서를 직접 써요

STEP 1

WHY - 왜 해야 할까요?

학기 중에 가족여행을 간다거나 다른 이유로 체험학습 신청서를 내게 되면 다녀와서 체험학습 보고서를 써야 합니다. 학교마다 양식에 차이가 있지만 들어갈 내용은 거의 비슷하지요. 아이가 내용을 어떻게 채우나 싶어서, 내가 하면 간단하고 더 그럴듯하다는 이유로 부모가 써 주는 경우가 많습니다. 하지만 잘하고 못하고를 떠나 아이가 참여할 방법을 최대한 마련해 보면 좋겠습니다. 아이의 일이기도 하고, 쓰기 연습의 시간으로 활용할 수 있으니까요.

STEP 2

HOW TO – 어떻게 할까요?

일단 아이와 체험학습 갔던 곳의 사진을 보고 충분히 이야기를 나눕니다. 이때도 생각그물을 활용해 보세요. 종이 가운데에 방문한 지역의 이름을 크게 쓰고, 거기서 본 것, 먹은 것, 한 것을 말하고 써 보는 거죠.

아이가 기억하지 못하는 부분에 대해서는 힌트를 줘도 됩니다. "우리가 갔던 곳의 이름은 세 글자야. '제'로 시작하는 곳이었지." 하면 "제주도!"라고 대답하기 쉽겠지요. 이렇게 쓰기 전에 생각그물을 펼치고 충분히 이야기 나누는 과정이 필요합니다. 생각을 캐내기 위해서는 시간을 주세요.

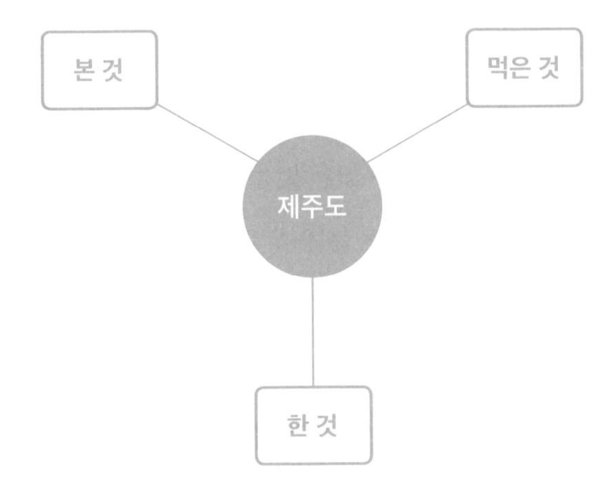

1. 글씨 쓰기를 어려워하는 경우

이름과 숫자를 쓸 수 있다면, 자기 이름과 학년, 반, 번호를 불러 주고 쓰게 해 주세요. 여행 날짜도 숫자를 불러 주어 아이가 직접 쓰도록 합니다. 저학년은 체험학습 보고서에 사진을 주로 넣기 때문에 문장을 많이 쓰지 않아도 괜찮습니다. 대신 사진을 오리고 붙이는 일에 적극 참여시킵니다. 소근육 연습의 시간으로 귀하게 활용합시다.

덧글씨 쓰기가 되는 아이의 경우, 사진에 대한 설명을 부모가 흐릿하게 먼저 써 놓습니다. 그리고 아이가 그 위에 덧글씨로 쓰게 해 봅니다.

2. 글씨는 쓰지만 내용 쓰기를 어려워하는 경우

고학년의 경우, 배운 점과 느낀 점을 앞면에 쓰고 사진을 뒤에 붙이도록 하는 학교가 많지요. 느린 아이들이 가장 어려워하는 것이 느낌이나 감상입니다. 본 것, 먹은 것, 한 것은 사진에 직접적으로 드러나 있지만 그때의 마음은 떠올리기가 어렵거든요. 마음을 표현하는 단어를 모르거나 아는데 생각이 안 날 수도 있습니다. 이때 부모의 느낌을 먼저 말해 주면 아이가 모방해서라도 표현할 겁니다. 혹은 감정 단어 리스트를 보여 주고 고르라고 해도 되지요.

느낀 점과 배운 점은 아이가 떠올릴 수 있도록 판을 깔아 주세요. "엄마(아빠)는 잠수함 탈 때 가슴이 두근거리더라. 너무 깊이 들어가서 다시 못 올라오는 건 아닌가 했지." 그러면 아이도 그때의 기분이 기억나서 어떤 말을 할 수도 있고, 아니면 부모의 말을 그대로 따라 할 수도 있습니다. 그걸 써 보면 됩니다.

고학년 체험학습 보고서에는 글쓰기용 줄이 있는데, 그 간격이 저희 아이에게는 좀 좁더라고요. 아이가 그 좁은 칸에 쓰기를 힘들어하더니 글씨가 이상해지더군요. 그래서 칸이 넓게 된 종이를 덧붙여 글씨를 좀 크게 쓸 수 있게 했습니다. 물론 사전에 선생님께 양해를 구했습니다.

slow, steady, special tip

- 글씨를 쓰든 못 쓰든 핵심은 함께 갔던 곳에 관한 이야기를 나누는 겁니다. 구체물인 사진을 보며 대화해 봅니다.
- 이 과정에서 여행지에서 보거나 들었던 단어를 다시 듣고 말하고 써 봅니다.

33

우리 가족의 문화를 만들어요

STEP 1

WHY – 왜 해야 할까요?

아이들이 억울할 때 많이 하는 말 중 하나가 "왜 나만 이걸 해야 해?"입니다. "왜 나만 책을 읽어?", "왜 나만 일기를 써?", "왜 나만 공부를 해야 해?"로 변용될 수 있지요. 우리는 비장하게 "넌 학생이니까!"라고 대답하지만, 아이들에게는 이해도, 동기부여도 되지 않습니다.

오히려 "같이 하자!"가 아이들을 움직이고 마음을 풀어지게 할 수 있답니다. '같이 읽자', '같이 쓰자'에서 시작해서 '같이 읽으니 재밌다', '같이 쓰니 이런 좋은 점이 있다'로 이어지게 해 주세요.

STEP 2

HOW TO – 어떻게 할까요?

1. 가족 소통 다이어리

제가 대학교를 다닐 때는 학과방에 머무르며 '날적이'라는 것을 쓰는 문화가 있었습니다. 일기의 순우리말인 날적이는 여러 명이 돌아가면서 쓰던 공동일기를 말합니다. 과방이나 동아리방에 빈 노트를 두고 학생들이 오가며 그날 자기 마음이나 좋은 글귀를 자유롭게 적었지요. 수업시간이 맞지 않아 못 만나는 친구에게 남겨야 할 말도 적었답니다. 핸드폰이 없었던 터라 요긴하게 쓰였는데요, 너무 옛날 문화라고 느껴지나요?

저는 이것을 가족 글쓰기 문화로 가져오고 싶었습니다. 그래서 아이를 가졌을 때 남편과 함께 써 봤답니다. 엄마, 아빠가 같이 쓰는 태교 기록이었지요. 아이가 글을 읽을 무렵 보여 주니 좋아하더군요. 아이에게도 우리 셋이서 이렇게 뭔가 써 보자고 꼬셨습니다.

아이가 글을 쓰기 힘들어하거나 글에 재미를 못 느끼는 경우, 우리 집에도 날적이 문화를 도입해 보면 어떨까요? 딱딱한 글쓰기가 아니라 재미있는 글쓰기, 서로의 마음을 전하는 글쓰기를 경험하게 해 줍시다. 나만 억울하게 쓰는 게 아니라 엄마도, 아빠도, 다른 가족도 함께 쓰면서 서로의 일과를 공유합니다. 바쁘거나 쑥스러워 못 전한 마음을 주고받을 기회도 된답니다.

2. 가족 독서 문화

혼자만 책을 읽으면 억울하고 재미도 없지요. 우리 가족이 함께 하는 독서문화를 하나씩 만들어 봅니다. 가족이 모두 같은 책을 읽고, 도구 없이 할 수 있는 간단한 활동을 해 봅니다.

• 독서골든벨

동일한 책을 같이 읽고, 각자 문제를 내고 맞춰 보는 독서골든벨을 해 봅니다.

• 가족 독서통장 만들기

아이만 독서기록을 쓰게 하지 말고, 가족의 독서이력을 기록하는 독서통장을 만듭니다. 이 경우 같은 책을 읽어도 되고, 다른 책을 읽어도 괜찮습니다.

책 제목	읽은 사람	다 읽은 날	이 책의 별점	가장 인상 깊은 문장 또는 장면 /궁금한 점
《책 먹는 여우》	아이	8월26일	★★★★	(장면)여우랑 아저씨가 책을 써서 돈을 많이 번 것
	엄마	8월23일	★★★★	(문장)“연필에서 생각이 줄줄 흘러나오는 것만 같았어요.”
	동생	8월28일	★★	(질문)소금, 후추를 뿌려 먹으면 진짜 책이 맛있을까?

가족 독서통장 예시

가족이 다른 책을 읽는 경우 다른 사람의 별점이나 인상 깊었던 문장, 장면, 질문을 보고 그 책이 궁금해질 수 있습니다. 그러면서 그 책을 읽고 싶어질 수도 있지요. 안 읽는다 하더라도, 그 책의 명문장을 이 통장을 통해 읽어 보는 계기가 됩니다.

· 가족끼리 카카오톡과 문자하기

가족끼리 직접 얼굴을 보고 소통하면 가장 좋겠지만, 평일에는 서로 시간이 맞지 않아 충분한 대화를 나누기 어려운 경우도 있습니다. 그럴 때는 카카오톡이나 문자로 서로의 마음을 표현하고, 필요한 이야기를 나눌 수 있겠지요. 디지털 세대인 아이들에게 온라인 소통의 기본 원칙을 알려 줄 기회가 되기도 합니다. 아이들은 결국 다른 사람들과도 디지털 공간에서 의사소통을 할 테니까요.

우선 아래의 기본적인 것부터 시작해 봅니다.

1. 내가 궁금한 점이나 하고 싶은 말이 있더라도, 인사를 먼저 하거나 소통이 가능한 상황인지 확인하고 시작하기.

   (예) '안녕(하세요)' 인사 먼저 하기, '지금 톡 가능해요?' 혹은 '물어볼 것이 있어요'라는 말로 시작하기.

2. 상대가 내가 보낸 메시지를 아직 읽지 못한 상태일 수도 있음을 이해하기.

   (예) 메신저에서 읽음 표시가 사라지지 않은 것을 확인하기.

③ 내가 한 번 보낸 후에는 상대의 답이나 내용을 확인한 후 보내기.

④ 전송 버튼을 누르기 전에 내가 쓴 것 다시 읽어 보기.

(예) 상대가 읽으면 불쾌한 단어나 이모티콘을 넣지는 않았는지 확인하기.

그냥 말로 설명하면 이해하기 어렵거나 듣고 잊어버릴 수 있습니다. 그러니 아이가 해당되는 행동을 했을 때 설명해 주세요. 또 잘 지켜서 보냈다면 칭찬해 주시고요. 몇 번 설명해도 어려워한다면 역지사지 전략을 써 볼 수도 있습니다. 아이가 대답하기 전에 계속 부모가 메시지를 보내거나, 어울리지 않는 이모티콘을 보내 보는 겁니다. 그리고 이럴 때 느낌이 어땠는지 물어보면서 다시 한 번 메시지를 보낼 때의 태도에 대해 알려 주면 됩니다.

같이 살지 않는 가족(조부모나 친척)이나 아이와 관련된 어른에게 부모 대신 카톡이나 문자로 질문을 해 보게 합니다. 저는 아이의 언어 선생님과 수업 시간 변동이 있을 때 아이가 직접 카톡으로 물어보게 했답니다.

• 특별한 날을 기념하는 글쓰기

요즘은 많이 사라졌지만 예전에는 손편지나 직접 만든 카드를 주고받는 문화가 있었지요. 크리스마스에 친구에게 카드를 쓰고 우표를 붙여 보내기, 가족이나 친구의 생일날 축하의 말을 편지나 카드에 써서 건네기, 스승의 날이나 졸업식에 선생님께 감사의 마음을 글로 표현하기 같은 것들 말입니다.

우리 아이와 이 따뜻하고 정겨운 쓰기 문화를 소환해 보면 어떨까요? 우선 우리 가족끼리 먼저 해 보는 겁니다. 엄마나 아빠가 아이 생일날 마음을 가득 담은 카드나 간단한 편지를 손 글씨로 써서 읽어 주세요. 그 따스함을 먼저 경험하게 하고, 아이에게도 그 문화에 동참하도록 독려합시다.

학교에서도 어버이날이나 스승의 날, 수업 시간에 감사 카드를 만들고는 하지요. 하지만 1년에 몇 번 안 되고, 수업 시간 내에 끝내야 하니 허겁지겁 만들고 쓰게 됩니다. 집에서 여유 있게, 마음을 글로 표현할 기회를 주세요. 아이가 처음에는 '감사합니다', '사랑해요'와 같은 한 문장밖에 못 쓸 수도 있지요. 괜찮습니다. 글쓰기는 제일 어려운 일이니까요. 쓸 내용을 떠올릴 수 있게 징검다리를 놔 주고, 다시 한 문장을 더 쓸 수 있게 도와주면 됩니다. 아빠의 생일 축하 편지를 쓴다면 "아빠가 좋은 이유를 한 가지만 말해 보고 써 보자.", "어떤 점이 고마운지 하나만 생각해 보자."라고 말하며 문장을 늘릴 힌트를 주세요.

우리 집 가족 수가 적어도 괜찮아요. 할아버지, 할머니, 이모, 고모, 삼촌의 생신날도 있으니까요. 매해 쓰고 사진으로 남겨 두면 아이가 쓴 글씨나 내용이 점점 발전하고 있다는 점도 확인해 볼 수 있습니다.

스승의 날이나 졸업식에 선물을 주고받을 수는 없지만, 아이의 손 편지만은 선생님들이 환영하신답니다. 내용이 많지 않아도, 맞춤법이 틀려도 괜찮습니다. 무슨 날을 기념해서 이런 쓰기를 하는 것인지 알려 주는 계기도 되고, 나의 생활과 관련 있는 글쓰기 경험을 해 보는 거지요. 저는 아이의 활동 보조 선생님한테도 종종 글을 써서 전달하게 했답니다. 스승의 날이나 추석 때 간단한 마음의 선물과 함께 아이 편지를 드렸어요. 선생님이 눈물을 글썽이며 감동하셨던 기억이 납니다.

크리스마스 카드도 가족끼리 만들어 전달해 보세요. 새해가 되면 올해 꼭 해 보고 싶은 일을 이야기 나누며 각자의 버킷리스트를 작성해 잘 보이는 곳에 붙여 보세요.

slow, steady, special tip

- 가족이 함께 읽고 써 보세요. 서로의 마음도 더 잘 알게 되고, 힘든 읽고 쓰기도 서로의 기운을 받아 해낼 수 있습니다.
- 디지털 세대의 아이들이니 온라인으로 의사소통을 할 때의 원칙도 알려 주세요.
- 가족 문화는 하루아침에 만들어지지 않습니다. 꾸준히 오랫동안 해 보세요. 그러기 위해서는 너무 거창하거나 준비물이 많이 필요하면 안 됩니다. 소박하게, 자주 해 보세요. 그리고 그 내용을

꼭 기록하거나 사진으로 남겨 두세요. 그게 우리 가족만의 문화 유산이 될 겁니다.

34

어휘 게임을 해요

STEP 1

WHY - 왜 해야 할까요?

1부의 2장에서도 말씀드렸듯 읽기와 쓰기에서 어휘력은 연료와 같은 역할을 합니다. 읽고 쓰기를 위해 새로운 어휘가 꾸준히 입력되어야 함은 물론이고 그 어휘가 내 것이 되어야 합니다. 그러기 위해서 반복을 해야 하는데 이 과정이 상당히 지겹습니다. 그러니 반복에 재미있는 놀이의 옷을 입혀야죠.

STEP 2

HOW TO – 어떻게 할까요?

그럼 초등 3학년 사회 1단원, 〈우리 고장의 모습〉에 나온 아래 어휘들로 다양한 어휘 놀이를 해 볼까요?

고장, 장소, 알림판, 공통점, 차이점, 인공위성,
디지털 영상 지도, 백지도, 안내도

1. 빙고 게임

교과서의 한 단원을 배우고 나면 나왔던 단어들로 빙고 게임을 합니다. 아이가 익혀야 할 단어 수에 따라 빙고 칸의 개수가 달라지겠지요. 처음에는 쉽게 3칸 빙고부터 시작합니다. 교과서를 보지 않고 아홉 개의 단어를 떠올릴 수 있다면 제일 좋습니다. 하지만 어려워한다면 아이를 타박하기보다 교과서를 다시 읽고 빙고 칸을 채우게 하면 됩니다.

목적은 어휘를 다시 한번 눈으로 보고 쓰게 하는 겁니다. 목적을 기억하면 불필요한 실랑이에 에너지를 덜 쓸 수 있습니다. 아이는 잊어버렸지만 부모가 부르는 단어를 들으며 '아, 맞다. 그게 있었지!'라고 깨닫게 됩니다. 단계를 높여, 단어를 부르면서 뜻도 함께 말하도록 합니다. 내가 쓴 단어의 뜻을 말하면서, 부모가 말하는 단어와 뜻을 들으면서 눈, 귀, 입에 단어가 잘 붙을 겁니다.

2. 초성 퀴즈

아이들은 초성 퀴즈를 참 좋아합니다. 저는 수업 마무리 때, 초성 퀴즈로 그날 배운 주요 개념이나 키워드를 정리합니다. 효과가 좋더라고요. 느린 아이들은 초성 퀴즈를 어려워할 수도 있습니다. 알고 있는 어휘 수가 적다 보니 그렇겠지요. 초성 퀴즈는 이미 알고 있는 단어를 초성 힌트로 맞히는 게임이니까요. 예를 들어 주제가 '나라 이름'이고, 초성이 'ㅍ ㄹ ㄱ ㅇ'인 문제라면 '파라과이'를 알고 있어야 맞힐 수 있습니다. 하지만 이 단어가 내 머릿속에 저장되어 있지 않거나 나라 이름이라는 것을 모르면 절대 맞힐 수가 없습니다. 그래서 초성 퀴즈는 복습용으로 적합합니다. 느린 아이들은 자기가 아는 것을 꺼내 쓰는 힘이 약하지요. 그러니 내가 아는 것을 떠올리는 연상 연습용으로도 좋습니다.

3. 스피드 퀴즈

교과 어휘나 학습도구어를 카드로 만들어서 스피드 퀴즈도 해 봅니다. 부모가 단어의 뜻을 불러 주고, 아이가 해당 어휘를 말하거나 반대로 해 봐도 됩니다. 아이에게 맞히라고만 하면 억울해하고 재미없어하지요. 아이도 문제를 내게 해 주세요. 답을 맞혀야지, 그렇게 하면 어휘 실력이 늘겠냐고요? 그렇지 않습니다. 아이는 "사람들이 모여서 사는 곳은?"이라는 문제를 내면서 어휘의 정의를 소리 내어 말하게 됩니다. 그러니 이 또한 자연스러운 복습이 되지요. 부모가 승부욕을 발휘해 모든 문제에 정답을 맞히지는 마시고요. 가끔씩 틀려 주세요. 그래야 아이가 정답을 자기 입으로 또 말하지요. 아이가 으쓱할 기회도 됩니다. 할 일도 많은데 부모가 어휘카드까지 만들어야 하냐고요? 아니요, 아이들이 만들어야지요. 카드에 직접 어휘를 쓰고 뜻을 적으면 눈과 손이 어휘를 받아들이는 순간이 됩니다. 단어카드는 '35. 학습도구어와 교과 어휘를 챙겨요' 편에서 더 자세히 알려 드릴게요.

4. 말놀이 게임 활용

'시장에 가면'이라는 말놀이 게임 아시지요? 그걸 '교과서를 보면'으로 변형해서 합니다. 이 게임은 앞사람이 말한 단어를 기억하고, 다시 거기에 내 단어를 이어 말해야 합니다. 그래서 모든 단어를 말해 보는 효과가 있지요.

추억의 게임 '아이엠그라운드'도 활용할 수 있습니다. 원래는 자기소개를 모션과 함께 하는 것이지만 우리는 어휘 놀이로 활용해 봅시다. "아이엠그라운드 1단원 단어 대기!" 하면서 생각나는 단어를 앞사람이 말한 것과 중복되지 않게 말합니다.

5. 보드게임 활용

어휘용 보드게임이 꽤 있답니다. 다양하게 활용할 수 있는 보드게임을 소개해 드릴게요.

• 라온

저희 아이가 어렸을 때부터 있던 게임인데, 여러 버전이 나와 있습니다. 자음 모음 조각들을 이용해 단어를 만드는 기본 수준부터, 주제어에 해당되는 단어나 특정 초성으로 시작하는 단어를 작은 보드판에 직접 쓰는 형태, TV 프로그램인 〈우리말 겨루기〉를 보드게임으로 구현해 낸 버전도 있습니다. 이 버전은 띄어쓰기, 공통어 찾기, 맞춤법 오류 찾아 수정하기를 해 볼 수 있어 어휘뿐만 아니라 문법도 연습할 수 있습니다.

• 테마틱 보드게임

주제에 맞는 초성 단어를 말하며 점수를 얻는 게임입니다. 특정 초성으로 시작하는 어휘 말하기와 연관어 말하기를 동시에 연습할 수 있습니다.

'해산물'이 주제어라면, 해산물의 하위어인 조기, 고등어, 조개 등을 말하면서 점수 카드를 가져가면 됩니다. '달콤한 것'이라는 주제어에는 초콜릿, 사탕 같은 구체어나 기억, 인생, 거짓말과 같은 추상어도 연결할 수 있습니다.

소개해 드린 것과 같은 보드게임을 할 때는 어휘를 순간적으로 떠올리고 말하면서 카드를 집어야 합니다. 두 가지 이상의 일을 한 번에 하는 동시작업력과 어떤 일을 해낼 때의 처리 속도도 높일 수 있습니다.

slow, steady, special tip

- 모든 어휘는 반복을 통해 내 것이 됩니다. 교과 어휘, 학습도구어 이외에 아이와 읽은 책에 나온 단어들도 위의 방법을 써서 덜 지겹게 익히도록 도와주세요.

35

학습도구어와 교과 어휘를 챙겨요

STEP 1

WHY – 왜 해야 할까요?

교과서에 나오는 교과 어휘와 학습도구어는 어렵고 많이 낯섭니다. 하지만 아이가 수업시간에 너무 힘들지 않으려면 이 어휘들에 조금이라도 익숙해지면 좋겠습니다. 우리말로 하는 수업시간인데 외국어를 듣는 것처럼 느껴지면 딴생각이 나지요. 그래서 의도치 않게 딴짓을 하게 되기도 합니다.

STEP 2

HOW TO – 어떻게 할까요?

한글을 처음 익힐 때 쓰던 단어카드, 기억하시나요? 앞면에는 글자, 뒷면에는 그림이 있는 그 카드를 아이에게 자주 보여 주면서 단어를 익히게 했지요. 아이들에게 학습 어휘는 한글을 처음 익힐 때처럼 낯섭니다. 그러니 학습 어휘도 카드로 만들어서 자주 보고 익숙하게 만듭니다.

1. 손바닥 크기의 스프링 수첩을 준비합니다.
2. 종이 앞면에 교과서를 읽으며 모르는 단어나 중요 학습 어휘를 아이가 적도록 합니다.
3. 뒷면에는 단어의 뜻을 아이가 적습니다.
4. 이동할 때마다 들고 다니며 틈틈이 보거나, 막히는 차 안에서 스피드 퀴즈를 합니다.

과목마다 카드를 만들자니 힘들 수도 있겠네요. 반갑게도 초등 3, 4학년 사회 과목의 교과 어휘를 정리해 놓은 자료가 있습니다. 중앙다문화교육센터에서 다문화 학생을 위해 만든 것인데, 출력해서 카드로 활용하기에 안성맞춤입니다(부록에 해당 사이트를 안내해 놓았습니다).

출처: 중앙다문화교육센터

학습도구어는 국가기초학력지원센터의 '꼼알어휘' 자료를 활용해 보세요. 초등 교과서에 자주 나오는 '35개의 학습도구어를 꼼꼼하게 알자'라는 의미가 담긴 이 자료의 최대 장점은 어려운 학습도구어를 언제, 어떻게 쓰는지 만화로 보여 준다는 점입니다. 아이들이 경험했을 법한 상황을 시각적으로 보여 주니 그 단어가 쓰이는 상황이 확실히 이해되고 뜻도 각인됩니다. 학습도구어가 들어간 예문은 어디선가 들어 봤을 법한 문장으로 되어 있습니다. 예를 들어 '구분하다'의 경우 "청팀과 백팀으로 구분하다.", "여름옷과 겨울옷을 구분해 정리하다." 같은 예문이 있지요. 어휘의 사전적 정의도 중요하지만 느린 아이에게는 이런 친근한 설명이 꼭 필요합니다.

모든 과목의 학습 어휘를 다 알아야 하는 것은 아닙니다. 그러면 부모와 아이가 할 일이 너무 많아집니다. 수학, 사회, 과학 중에서 아이가 조금이라도 흥미를 보이는 것을 선택합니다. 수학을 싫어해도 수학의 모든 단원을 다 싫어하고 못하지는 않습니다. 더하기, 빼기는 힘들어하고 실수하는데, 5시까지 몇 분이 남았는지는 바로 말할 수 있지요. 그러면 시계와 관련된 어휘를 알려 주면 됩니다. 시, 분, 초, 시간, 시각 같은 것들 말이죠.

부모가 보기에 살아가는 데 꼭 필요하거나 상식으로 알았으면 싶은 단원의 것을 골라서 지도하는 방법도 있습니다. 수학 1학년 〈비교하기〉 단원에서 쓰이는 '낮다/높다', '넓다/좁다', '깊다/얕다', '짧다/길다', '두껍다/얇다'와 같은 서술어, 2학년에 배우는 길이의 단위인 'cm', 'm', 3학년에 배우는 무게와 부피의 단위 'kg', 'g', 'ml', 'l'는 일상생활에서도 자주 쓰는 어휘입니다.

사회 과목의 날씨와 관련된 기온, 황사, 장마, 태풍, 폭염, 호우, 폭설 같은 어휘는 일상생활에서도 요긴하게 쓰입니다. 일기예보를 듣고 황사가 오면 마스크를 챙기고, 폭설주의보가 발령되면 외출을 자제해야 하지요. 노선도, 행정복지센터, 시청, 공공기관, 버스전용차로, 개인정보유출과 같은 단어들은 챙길 만합니다.

slow, steady, special tip

- 교과 어휘와 학습도구어는 학년이 올라갈수록 많아지고 어려워집니다. 그중에서 우리 아이 생활에 꼭 필요한 것만 골라서 해보세요.

36

사전 찾는 방법을 익혀요

STEP 1

WHY - 왜 해야 할까요?

학교에서는 3학년 때 국어사전 사용법을 배웁니다. 하지만 배웠어도 국어사전에서 어떤 단어를 찾는 일은 생각보다 간단하지 않습니다. 특히 서술어가 그렇지요. '간결한'이라는 단어를 찾는다면 일단 단어의 기본형인 '간결하다'를 알아야 합니다. 사전의 한글 자모음 순서도 완벽하게 기억하고 있어야 해요. 특히 모음의 순서가 어렵습니다. 한글을 처음 배울 때처럼 'ㅏ, ㅑ, ㅓ, ㅕ' 순서가 아닙니다.

국어 교과서에서는 사전 찾는 방법을 단계별로 알려 주고 있습니다. 수업 시간에 배웠지만 느린 아이는 틈틈이 또다시 해 봐야 자기 것으로 만들 수 있지요. 국어사전 찾는 법은 많은 학교에서 수행평가로도 보고 있으니 집에서 자주 연습해 주세요.

STEP 2

HOW TO – 어떻게 할까요?

1. 국어사전의 규칙 알려 주기

국어사전에는 수많은 낱말이 실려 있습니다. 이 낱말들을 배열하는 아래의 규칙을 차근차근 알려 주고 여러 단어로 연습해 봅니다.

① 낱말을 나누기

찾아야 할 낱말을 자음과 모음으로 분리합니다. '사전'의 경우 다음과 같습니다.

	사	전
첫 자음자	ㅅ	ㅈ
모음자	ㅏ	ㅓ
받침 자음자		ㄴ

② 찾는 순서 알려 주기

국어사전의 자음, 모음, 받침 순서는 다음과 같습니다.

(자음) ㄱ-ㄲ-ㄴ-ㄷ-ㄸ-ㄹ-ㅁ-ㅂ-ㅃ-ㅅ-ㅆ-ㅇ-ㅈ-ㅉ-ㅊ-ㅋ-ㅌ-ㅍ-ㅎ

(모음) ㅏ-ㅐ-ㅑ-ㅒ-ㅓ-ㅔ-ㅕ-ㅖ-ㅗ-ㅘ-ㅙ-ㅚ-ㅛ-ㅜ-ㅝ-ㅞ-ㅟ-ㅠ-ㅡ-ㅢ-ㅣ

(받침) ㄱ-ㄲ-ㄳ-ㄴ-ㄵ-ㄶ-ㄷ-ㄹ-ㄺ-ㄻ-ㄼ-ㄽ-ㄾ-ㄿ-ㅀ-ㅁ-ㅂ-ㅄ-ㅅ-ㅆ-ㅇ-ㅈ-ㅊ-ㅋ-ㅌ-ㅍ-ㅎ

자음은 처음 한글을 배울 때 순서를 노래 부르듯 익혔을 텐데 잊어버린 아이들이 꽤 되더라고요. 특히 쌍자음은 단자음 다음 순서라는 것이 익숙하지 않습니다. 둘이 비슷한 글자이니 바로 뒤에 온다고 알려 주면 됩니다.

모음의 순서는 어른들도 낯설고 헷갈립니다. 예전 한글을 익힐 때는 'ㅏ, ㅑ, ㅓ, ㅕ' 순서였는데 많이 다르지요? 원리를 설명해 주면 좀 쉽습니다. 단모음, 그 단모음에 다른 모음을 덧붙인 이중모음 순서대로 갑니다. 'ㅏ' 다음에는 'ㅣ'를 넣은 'ㅐ'가, 'ㅑ' 다음에는 'ㅣ'를 넣은 'ㅒ'가 옵니다. 'ㅗ'와 'ㅜ' 다음에는 원래 모음 순서인 'ㅏ, ㅐ, ㅣ'를 붙여 주면 됩니다. 'ㅢ'는 'ㅡ'와 'ㅣ' 사이에 들어간다는 것만 따로 기억하면 됩니다.

받침은 자음 순서와 같은데 중간에 겹받침이 들어갑니다. 겹받침의 순서는 자음 받침 순서와 똑같아요. 원리를 설명해 줘도 익숙해지는 데 시간이 걸립니다. 눈에 익도록 처음에는 순서표를 만들어 사전 앞이나 아이 눈에 띄는 곳에 붙여 주세요.

2. 낱말의 기본형 찾는 법 알려 주기

'사전', '개교', '쓰임새'와 같은 단어는 형태가 변하지 않습니다. 하지만 '먹다', '높다'의 경우는 '먹고, 먹는데, 먹었다', '높은, 높아서, 높고'처럼 어미가 바뀌지요. 이런 경우는 기본형을 찾아야 합니다.

① 낱말을 나누자

형태가 바뀌는 부분과 바뀌지 않는 부분으로 나눕니다. 쉬운 단어로 충분히 해 봅니다. '먹다'가 들어간 다양한 문장을 보여 주고, 아래 표를 채우게 합니다.

	형태가 바뀌지 않는 부분	형태가 바뀌는 부분
동생이 밥을 먹는다	먹	는다
동생이 밥을 먹었다	먹	었다
동생이 밥을 먹으면 나는 간식을 먹겠다	먹	으면

② 기본형을 만들자

형태가 바뀌지 않는 부분에 '-다'를 붙이면 사전에 실리는 기본

형이 된다고 알려 줍니다.

③ 사전의 자모음 순서 규칙에 따라 찾자

사전에 기본형만 담는 이유는 뭘까요? 형태가 바뀌는 낱말을 모두 실으면 사전 두께가 어마어마해지기 때문일 겁니다. 이런 질문도 아이와 나눠 보세요. 실제 국어 교과서에도 있는 질문이랍니다.

slow, steady, special tip

- 국어사전의 규칙을 차근차근 설명해 줍니다(자음, 모음, 받침의 순서).
- 형태가 변하지 않는 낱말부터 연습하세요.
- 처음에는 두 글자 단어, 받침이 없는 것으로 연습합니다.
- 형태가 변하는 낱말은 기본형 찾기부터 합니다.

37

어휘의 뜻을 추론해요 ① 단서를 찾아요

STEP 1

WHY – 왜 해야 할까요?

모르는 단어가 있을 때, 사전을 찾아보면 바로 해결이 됩니다. 누구나 끄덕이는 명확한 정의를 알게 되는 이점도 있지요. 하지만 매번 사전을 찾아볼 수는 없습니다. 옆에 사전이 없을 때도 많고, 낯선 어휘가 나올 때마다 사전을 찾다 보면 읽는 흐름이 끊깁니다. 아이들은 사전의 정의를 읽고도 무슨 말인지 모르겠다고도 하더라고요.

사전 찾기도 필요하고 사전적 정의도 중요합니다. 하지만 결국엔 글을 읽으며 그 안에서 스스로 어휘의 뜻을 알아내는 방법을 익혀야 합니다. 대부분의 글에는 단어의 뜻을 알려 주는 단서들이 있답니다. 단서를 가지고 알아낼 수 있어야, 다시 말해 추론할 수 있어야 하지요. 추론은 생각의 과정이기에 느린 학습자들이 어려워하는 영역이라고 했지요. 하지만 이것도 차근차근 분명하게 알려주고 반복하면 해낼 수 있답니다.

STEP 2

HOW TO - 어떻게 할까요?

우선 글을 읽으며 모르는 말에 밑줄이나 동그라미로 표시하게 합니다. 그러고 나서 그 단어의 뜻과 연관된 단서 찾는 방법을 알려 주세요. 단서에는 단어를 설명하는 문장이나 비슷한 말, 반대말이 있습니다. 그림책이라면 그림이 단서가 되기도 합니다.

1. 단어를 설명하는 문장이나 단어가 나온 경우

돌잡이
우리 조상들은 아기의 첫 번째 생일에 돌잔치를 했습니다. 돌잔치에서는 맛있는 음식을 차려 나누어 먹고 돌잡이도 했습니다. 돌잡이는 아기가 여러 가지 물건 가운데에서 한두 개를 잡는 것입니다.

'돌잔치', '돌잡이' 같은 단어에 아이가 동그라미를 쳤을 수 있습니다. 그럴 때 다시 한번 지문을 읽고 힌트가 되는 것을 찾아보게 합니다. 다시 읽어 본다면 이 단어들의 뜻을 앞이나 뒤에서 설명하고 있다는 사실을 아이가 발견해 낼 것입니다. 이런 경험을 통해 본문을 자세히 읽는 습관을 들일 수 있습니다. 그리고 내가 직접 단서를 찾고 추측해 보는 기술을 익히면 성공입니다.

2. 그림이 단서가 되는 경우

> 새 한 마리가 나무에 둥지를 틀고 고운 알을 소복하게 낳아 놓았습니다.
> "이 알을 모두 꺼내 가야지."

《슬퍼하는 나무》, 이태준, 단비어린이

저와 수업을 했던 한 아이는 '소복하게'에 동그라미를 치더군요. 그래서 아이에게 다시 한번 그 페이지를 보고 힌트를 찾아 보게 했습니다. 실제로 이 페이지에는 새가 둥지에 여러 개의 알을 낳은 삽화가 함께 있었거든요. 뒤에 나온 '모두' 꺼내 간다는 말을 통해 알이 많다는 사실을 알 수도 있습니다. 아이가 직접 이것들을 찾고, 유추할 수 있으면 좋겠지만 어려운 일입니다. 그래서 아이와 대화가 필요합니다.

엄마 자, 둥지에 알을 소복하게 낳았다니, 그림에서 어디를 한번 봐 볼까?

아이 둥지요.

엄마 둥지에 알이 몇 개 있니?

아이 세 개 있는데요. 밑에 더 있나?

엄마 그러네, 두 번째 문장에 뭐라고 쓰여 있었지?

아이 이 알을 모두 꺼내 가야지.

엄마 '모두'라는 말이 나왔네. 그림을 보니, 소복하게 낳았다는 건 무슨 뜻일까?

아이 많이 낳았다는 거 아닐까요?

엄마 오! 잘 짐작했어, 아주 비슷해. '소복하게'는 물건이 많아서 쌓여 있는데 그 모양이 볼록하게 나와 있는 상태를 말해(사전적 정의 알려 주기). 눈이 아주 많이 오면 쌓여 있잖니? 그럴 때 눈이 소복하게 왔다고 하지(경험적 정의).

사전적 정의를 알려 주되 최대한 아이들이 경험했을 법한 사례나 구체적으로 그려지는 예시를 들면 좋습니다. 위의 사례에서는 눈이 쌓인 볼록한 그림을 그려 주는 것도 괜찮습니다. 시각 정보를 선호하고, 직접 경험한 것을 머릿속에 떠올릴 때 잘 배우는 느린 학습자의 특징을 기억합시다.

3. 힌트가 없다면, 내가 아는 비슷한 말을 넣어 보기

이 방법은 최소 3학년 이상일 때 도전할 만합니다. 1, 2학년은 아직 어휘 탱크가 차 있지 않기 때문입니다. 3학년 정도 되면 비슷한 말, 반대말을 제법 찾아냅니다.

> "남한테는 그리 베풀면서, 정작 선생님 가운은 소매가 나달나달하던데……."

《선생님, 바보 의사 선생님》, 이상희, 웅진주니어

가난하고 병든 사람을 많이 도운 장기려 선생님에 관한 이야기 글에서, 3학년 아이가 "나달나달이 뭐예요?"라고 묻더라고요. 장기려 선생님은 남을 돕느라 정작 자기 옷이나 몸은 잘 돌보지 않는 사람이었죠. 그래서 선생님 옷이 어땠을지 떠올려 보라고 했습니다. 아이는 "남한테 돈을 다 줘서 새 옷도 못 사 입겠죠. 맨날 똑같은 옷만 입고요. 아! 내가 자꾸 똑같은 바지를 입으니 엄마가 그 바지만 너덜너덜해졌다고 했어요. 너덜너덜이랑 비슷한 말이에요?"라고 했습니다. 물론 이 아이가 처음부터 이렇게 잘 찾은 것은 아닙니다. 찾을 수 있게 징검다리 역할을 하는 대화를 나누고, 이 안에서 아이가 힌트를 얻었지요. 또 이야기의 사례에서 알 수 있듯, 평소에 많은 어휘를 다양하게 들려주시면 큰 도움이 됩니다.

이 연습을 꾸준히 하다 보면 부모의 질문이나 힌트는 점점 줄어들 것입니다. 아이가 이 기술을 자기 것으로 만들어 갈 테니까요. 저는 얼추 기술자의 모습을 갖춰 가는 아이들에게는 아래와 같은 멘트만 하고 스스로 찾게 합니다.

"모든 답과 힌트는 네가 방금 읽은 글에 있어. 그걸 본문이라고 해. 본문을 명탐정처럼 읽어 보자. 수사하듯이 말이야!"

위의 작업을 한 뒤에는 사전을 같이 찾아봅니다. 아이에게 단어의 의미를 추측하는 데서 끝내지 않고 사전을 찾아보는 것으로 마무리하는 모습을 보여 주세요. 그런 모습을 자주 보면, 아이도 그 행동을 자신의 습관으로 삼게 됩니다. 내가 추론한 단어의 뜻이 사전과 비슷하게 맞아떨어질 때 묘한 쾌감도 느낍니다.

slow, steady, special tip

- 추론은 느린 학습자가 가장 힘들어하고 싫어하는 종류의 인지 작업입니다. 하지만 추론에는 인지적 자극 효과가 있습니다. 그러니 어휘 뜻을 추론하는 방법을 구체적으로, 친절하게 알려 주세요(본문에서 단서 찾기, 비슷한 말/반대말을 넣어 뜻이 자연스러운지 확인하기).
- 추론은 추론일 뿐, 정확한 뜻은 나중에 사전을 찾아 꼭 확인하게 합니다.
- 사전의 뜻과 함께 아이가 경험했을 법한 예시나 그림 자료를 보여 주세요.

38

어휘의 뜻을 추론해요 ②
그래픽 조직자를 그려요

STEP 1

WHY - 왜 해야 할까요?

어휘의 뜻을 추론하는 두 번째 방법은 그래픽 조직자를 활용하는 겁니다. '그래픽 조직자'란 원래 글을 분석할 때 쓰는 방법입니다. 글의 구조와 주요 개념을 시각, 공간적으로 표현하는 것이죠. 앞에서 본 생각그물도 그래픽 조직자의 한 예입니다. 선, 화살표, 도형, 상징적 이미지, 정보의 공간적 배열 등 그래픽 조직자에서 쓰이는 도구는 매우 다양합니다.

어휘는 개념을 담고 있기에 글은 아니지만 어휘의 뜻을 추론할 때 그래픽 조직자를 활용하면 좋습니다. 특히 그래픽 조직자는 교과 어휘를 추론하거나 정리할 때 유용하게 쓰입니다. 그뿐만 아니라 어휘를 정교하게 익히는 효과도 있답니다. 시각적으로 표현하다 보니 비슷한 말과 반대말, 상위어와 하위어 등을 한눈에 파악할 수 있기 때문입니다.

STEP 2

HOW TO – 어떻게 할까요?

1. 사회나 과학 교과서를 읽으며, 모르는 단어에 동그라미를 치게 합니다. (예) 공공기관
2. 해당 어휘의 예를 부모가 말해 주되, 그 단어들의 공통점과 차이점을 통해 아이 스스로 단어의 뜻을 추리할 수 있게 도와줍니다.

엄마 **도서관, 우체국, 경찰서 같은 곳을 공공기관이라고 해. 우리 집은 공공기관이 아니래. 차이가 뭘까?**

아이 **우리 집은 우리 가족만 올 수 있고, 도서관이나 소방서는 다른 사람들도 오지.**

엄마 **그렇지, 그리고 많은 사람이 이용하는 곳이지. 그럼 우리가 잘 가는 마트나 ○○랜드도 공공기관이겠네? 근데 마트나 놀이공원**

은 공공기관이 아니래. 두 곳의 차이는 뭘까?

아이 모르겠어요.

엄마 도서관과 경찰서는 누가 만들었을까?

아이 나라에서.

엄마 그렇지! 나라에서 만들기도 하고, 그 지역에서 만들기도 해. 우리가 자주 가는 도서관은 과천시에서 만든 거란다. 그런데 마트나 ○○랜드는?

아이 마트 사장님이 만들었지.

엄마 그래. 여기까지 생각해 낸 것으로 우리 공공기관 뜻을 다시 정리해 보자.

아이 공공기관은 나라나 지역에서 만든 거.

엄마 그리고 누가 이용한다?

아이 많은 사람들이!

엄마 쭉, 연결해서 말해 봅시다!

아이 공공기관은 나라와 지역에서 만든 것인데, 많은 사람이 이용합니다.

엄마 잘했어. 그걸 써 보자. 그리고 사전에는 뭐라고 설명되어 있는지 찾아 보자.

❸ 이렇게 대화를 충분히 나누고 다음의 그래픽 조직자를 완성해 봅니다.

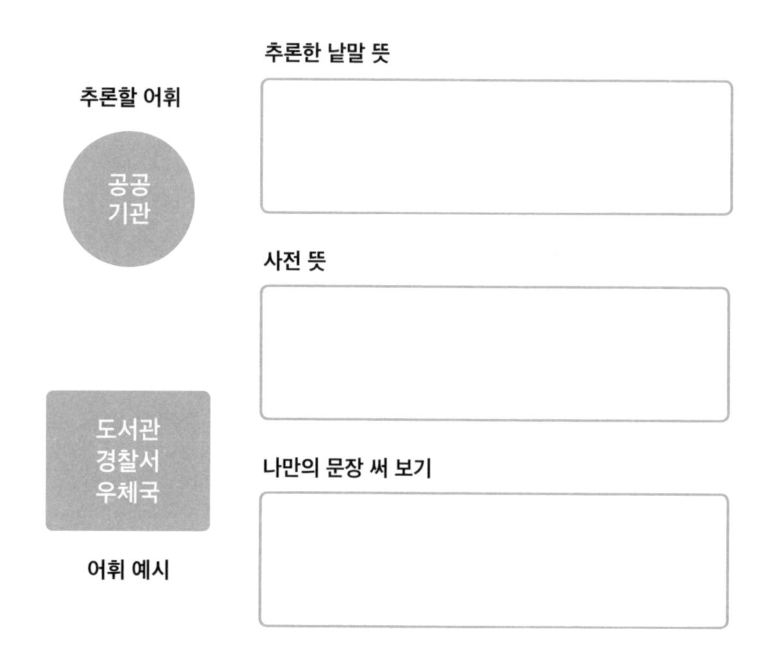

추론 후 사전의 뜻과 비교해 봅니다. 그렇게 명확한 뜻을 알고 난 후, 해당 단어가 들어간 한 문장 써 보기로 마무리합니다. 아이에 따라 위의 모든 과정을 한 번에 다 하기는 힘들 수 있습니다. 추론과 사전 찾기만 계속 하다가, 익숙해지면 나만의 문장 써 보기를 해도 됩니다. 그래픽 조직자를 완성한 뒤에는 꼭 다시 소리 내어 읽어 봅니다. 부모와 대화하며 한 번, 써 보며 두 번, 그래픽 조직자를 읽으며 세 번. 벌써 이 과정에서만 세 번 어휘를 반복하게 됩니다. 어휘는 반복, 또 반복밖에는 답이 없습니다.

그래픽 조직자는 본문에 어휘가 설명된 방식에 따라 다음과 같은 형태로도 만들 수 있답니다.

• **정의 방식:** 'A는 B다'의 형태로 어휘의 뜻이 설명된 경우.

• **예시 방식:** 단어의 뜻을 추측할 수 있는 예시가 제시된 경우. 해당 단어의 상위어, 하위어도 한눈에 알 수 있음.

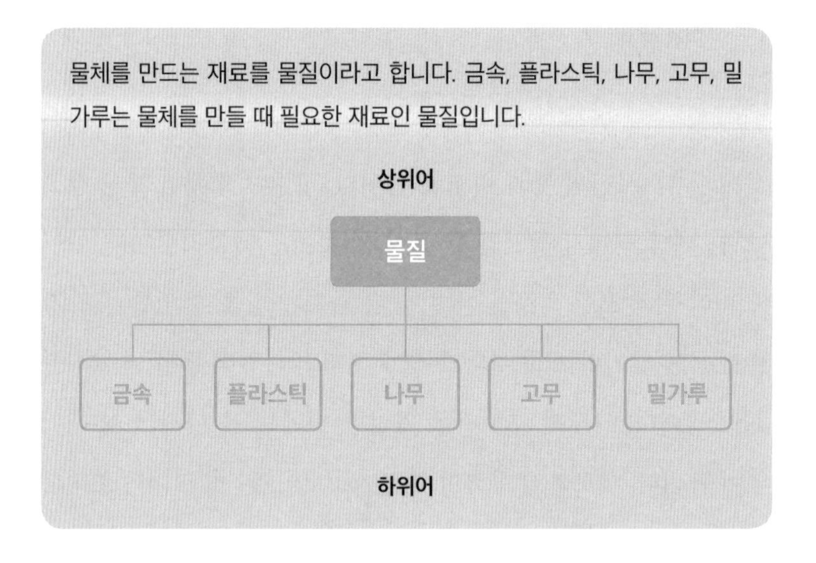

추론과 그래픽 조직자는 어른의 충분한 설명과 시범이 필요하답니다. 인내심을 가지고 아이가 익숙해질 때까지 연습해 주세요.

slow, steady, special tip

- 그래픽 조직자도 만들기 전과 만드는 과정에서 충분한 대화가 필요합니다.
- 사회, 과학에 나온 교과 어휘를 정리하기에 적합한 방법입니다.
- 그래픽 조직자를 완성한 뒤, 꼭 소리 내어 읽어 보게 하세요.

39

그림책을 읽고 어휘와 문장을 익혀요

STEP 1

WHY – 왜 해야 할까요?

느린 학습자와 부모에게 어휘 문제집은 가성비와 가심비가 다소 떨어질 수 있습니다. 물가가 오르다 보니 책값도 덩달아 올랐지요. 시중의 어휘 문제집은 만 원이 조금 안 되긴 하지만, 느린 학습자용으로 나온 어휘 책이나 도구는 훨씬 더 비쌉니다. 부담될 정도는 아니더라도 앞의 몇 장을 풀다가 우리 아이 수준에 맞지 않아 내던지게 된다면, 아깝습니다. 또 문제집의 제맛은 '내가 한 권을 끝냈다'라는 데서 오는 성취감인데, 이마저도 건지지 못하니 가심비도 떨어지지요.

그래서 저는 가성비와 가심비라는 두 마리 토끼에, 재미라는 세 마리 토끼까지 잡을 수 있는 다른 방법을 소개해 드립니다. 바로 '그림책을 읽고 어휘와 문장 익히기'입니다.

STEP 2

HOW TO – 어떻게 할까요?

1. 그림책 또박또박 소리 내어 읽기

유창성 연습을 위해서는 많은 분량의 글을 몰아서 읽기보다, 매일 꾸준히 일정 분량의 글을 읽는 편이 효과적입니다. 그러니 글밥이 많지 않은 그림책이 제격입니다. 그림책을 우선 아이와 함께 소리 내어 읽는 것부터 시작합니다. 읽는 과정에서 책대화는 필수이지요. 중간중간 부모의 생각도 말해 주고, 아이에게 다양한 질문도 해 봅니다. 다시 한번 강조하지만 열린 질문을 꼭 넣어 주세요. 사실적 이해를 확인하는 질문도 필요하지만 열린 질문이 아이의 사고를 훨씬 더 많이 자극합니다.

2. 그림책 속 어휘와 문장 써 보기

다 읽고 나면 함께 어휘와 문장을 몇 개씩 골라 봅니다. 선택 기준은 첫째로는 내가 처음 들어 본 것, 둘째로는 내 마음에 쏙 든 것입니다. 새로 알게 된 어휘, 내가 기억하고 싶은 어휘와 문장을 놓치지 말자는 거죠. 책을 덮고 기억해 내면 좋겠지만 어려울 수 있습니다. 특히 문장은 완벽하게 기억하기가 불가능하죠. 다시 책을 펼치고 찾아봐도 됩니다.

선택한 어휘와 문장은 직접 써 봅니다. 이 책을 통해 새로 알게 된 어휘는 뜻도 쓰도록 합니다. 어휘의 뜻은 내가 입말로 직접 말해 봅니다. 말로 해보면 내가 정확하게 알고 있는지, 안다고 착각했는지가 드러납니다. 문장은 그대로 따라 쓰면 됩니다. 띄어쓰기, 문장부호도 맞춰서 그대로 써 봅니다.

3. 확장된 쓰기 도전하기

위의 활동까지 익숙해지면 쓰기로 확장해 봅니다. 어휘와 책 내용에 대한 이해를 바탕으로 다음 활동들을 해 봅니다.

• 선택한 어휘를 넣어 나만의 한 문장 써 보기

내가 새로 알게 되었거나 마음에 드는 어휘를 넣어 한 문장을 써 봅니다. 내가 어떤 단어의 정의를 확실하게 알고 있다면 그 단어를 활용한 문장을 쓸 수 있습니다. 단어를 어렴풋하게 알고 있거나, 잘못 알고 있다면 문장이 어색해집니다. 그럴 땐 단어의 정의를 다시 알려 주면 됩니다. 그 단어가 나왔던 그림책의 문장을 다시 찾아보고 어떤 뜻이었는지 상기시켜 주세요. 아니면, 아이가 이해할 수 있게 쉬운 설명으로 다시 알려 주셔도 됩니다. 바로 쓰는 것이 어렵다면, 말로 하고 쓰게 해 주세요.

• 책 제목 바꿔 써 보기

책을 다 읽고, 내가 작가라면 어떤 제목을 달고 싶은지 이야기하고 써 봅니다. 제가 지도했던 한 아이는 《팥죽 할멈과 호랑이》를 읽고 '팥죽 할멈을 도와준 친구들'로 제목을 바꿔 쓰더라고요. 보잘것없어 보이는 물건과 동물들이 무시무시한 호랑이를 물리친 것이 통쾌하다고 말하는 아이였습니다. 그러더니 이 친구들이 제목에 꼭 들어가야 한다고 강조하더군요.

이야기의 제목은 글의 주제나 핵심을 담고 있지요. 아이가 직접 만든 제목을 보면 이야기를 잘 이해하고 있는지도 알아볼 수 있습니다. 《알사탕》을 읽었던 어떤 아이는 '동동이의 신기한 하루'라고 적더라고요. 창의적인 제목이긴 했습니다만, 글의 시간적 배경을 다르게 이해하고 있었다는 사실을 알게 되었지요. 《알사탕》에 나온 각 에피소드는 하루 동안 일어난 일이 아니거든요. 하지만 주인공의 이름을 넣고 '신기한'이라는 형용사를 써서 제목을 만들었으니 칭찬받을 만합니다. 이야기의 시간적 배경을 오해했다면 책의 장면들을 다시 보여 주고 알려 주면 됩니다.

• **뒤에 올 내용 써 보기**

대부분의 아이들 책은 작가가 결말을 제시하지만, 열린 결말의 책도 요즘은 꽤 많습니다. 《알사탕》도 마지막 장면은 외톨이 동동이가 새로운 친구에게 "나랑 같이 놀래?"라는 말을 하면서 끝이 나지요. 그 뒤의 이야기는 책을 읽는 독자의 몫입니다. 그 아이가 어떤 대답을 했을지, 동동이와 구슬치기를 할 친구가 되었을지 말입니다. 이 책의 뒷면지와 뒤표지에는 그들의 관계를 암시하는 그림이 제시되어 있습니다. 하지만 글은 없으니 아이가 그 장면을 꾸며볼 여지가 있지요. 《팥죽 할멈과 호랑이》는 "할머니는 아직도 저기 재 너머에 살고 계신대."로 끝납니다. 이번 호랑이는 어떻게 물리쳤으나 깊은 산속에 다른 호랑이가 있을지도 모를 일입니다. 허무하게 죽은 호랑이의 다른 가족들이 있을 수도 있으니까요. 깊은 산속에 혼자 사는 할머니의 다음 이야기를 마음껏 상상하며 써 보면 재미있지 않을까요?

아이가 뒤에 올 내용을 상상하고 써 보려면 부모의 적절한 질문이 필요합니다. "친구는 동동이에게 뭐라고 대답했을까?", "산속에서 또 다른 호랑이가 내려온다면 할머니는 어떻게 해야 할까?"와 같은 상상 질문을 해 주시면 됩니다. 이렇게 글을 읽으며, 상상 질문을 할 수 있다는 점을 자꾸 보여 주고 들려 주세요. 그러면 아이들이 책을 읽으면서, 책장을 덮으면서 부모에게 상상 질문을 하는 날이 옵니다.

아이와 함께 그림책을 곰국처럼 읽고 씁니다. 곰국은 오래 끓일수록 진한 맛이 우러나지요. 한 권을 후루룩 읽고 던져 버리기보다는 오늘은 소리 내어 읽고 책대화를 나누고, 내일은 거기에 나온 단어나 문장을 써 보고, 모레는 확장된 쓰기를 해 보는 겁니다. 이런 반복의 과정을 통해 그림책에 나온 어휘와 문장이 아이 머리와 손에 꽉 잡힙니다.

slow, steady, special tip

- 느린 아이에게는 그림책을 강력하게 추천합니다. 그림책에 나오는 어휘, 깔끔한 문장은 유창성, 어휘력과 구문력을 키워 줍니다.
- 여러 권의 책을 읽기보다는 한 권의 책을 유창성, 어휘, 문장 읽기와 쓰기, 제목 바꿔 쓰기 등으로 자주 보게 해 주세요.

느린 학습자와 함께하는 모든 부모를 응원하며

추위가 남아 있던 어느 봄날, 중학교 2학년이 된 아들 녀석이 울부짖듯 노래를 부르고 있었습니다.

절대로 약해지면 안된다는 말 대신
뒤쳐지면 안된다는 말 대신
지금 이 순간 끝이 아니라
나의 길을 가고 있다고 외치면 돼

〈나를 외치다〉, 마야

늦은 아이에게도 어김없이 찾아온 사춘기 한복판, 스스로도 자기 모습이 마음에 들지 않고, 급박하게 돌아가는 학교 분위기에 적응하느라 힘들었었나 봅니다. 계절은 새순이 돋기 시작하는 봄이었지만 자신의 삶에는 아직 봄이 오지 않아서, 아들은 노래로 자기 마음을 달래는 중이었던 거죠. 아들이 부르는 노래를 찾아서 가사를 읽다 보니 어느덧 제 눈에도 눈물이 흐르고 있었습니다.

지쳐버린 어깨
거울 속에 비친 내가
어쩌면 이렇게 초라해 보일까
똑같은 시간 똑같은 공간에
왜 이렇게 변해버린 걸까
끝은 있는 걸까 시작뿐인 내 인생에
걱정이 앞서는 건 또 왜일까

느린 아이를 양육하며 그동안 많이 단단해졌다고 자부했지만 저에게도 아직 딱지가 남아 있었나 봅니다. 그날 저녁은 아들과 함께 이 노래의 가사를 읽고 함께 부르며, 엄마의 사춘기와 갱년기도 이야기해 주었습니다. 그리고 우리의 현재를 응원하는 시간을 가졌습니다. 저와 아들은 이처럼 세상의 많은 읽을거리 중에서 아이가 좋아하는 노래로 문해력을 키웠습니다. 노래 가사는 일종의 시이자 다채로운 표현들이 담겨 있는 텍스트입니다. 그래서인지 느린 학습자인 제 아들은 어휘에 관심이 많고 적재적소에 맞는 문장 표현이나 재미있고 맛깔나는 말들을 제법 잘 구사합니다.

불과 몇 해 전만 해도 저는 노래로 읽고 쓰기를 함께 해 볼 생각을 못 했습니다. 제발 쓸모 있는 것을 남들에게 인정받는 방법과 모습으로 해내길 원했었지요. 그래서 아이와 노래가 못마땅했습니다. 하지만 제가 마음을 고쳐먹고, 읽고 쓰기에 대한 목적을 재설정하면서 모든 것이 바뀌었습니다. 좋아하고 즐거운 일은 자꾸 하고 싶지요. 나도 모르게 계속하게 되고, 계속하면 조금씩이라도 잘하게 됩니다. 노래에서 시작된 읽고 쓰기의 자신감은 다른 영역으로도 뻗어 갔습니다. 그전에는 책으로부터 도망가기 바빴던 아이가 언제부터인가 제가 빌려온 책들을 궁금해하기도 하고, 책대화를 하자고 먼저 이야기도 하더군요. 지금은 느린 학습자를 대상으로 하는 수업이 있기 전, 제가 구성한 내용을 다른 아이들이 맘에 들어할지 아들에게 제일 먼저 물어봅니다. 그러면 아들은 선뜻 저와 모의수업도 해 줍니다. 물론 이렇게 되기까지 매일이 순조로운 탄탄대로는 아니었지요. 하지만 매일, 조금씩 계속하다 보니 아들은 말과 글의 재미를 알게 되었습니다.

프롤로그에서 매일, 조금씩 읽고 쓰기의 가랑비를 맞게 해 주자고 말씀드렸었지요? 저와 제 아들은 지금도 읽고 쓰기를 가랑비처럼 맞으며 같이 성장하고 있습니다. 한 권의 책을 할애해 여러분에게 드리고 싶은 단 하나의 이야기는 바로 이것입니다. 내 아이를 위한 읽고 쓰기의 목적을 늦기 전에 찾으세요. 그리고 아이가 좋아하는 대상이나 매개물로 읽고 쓰기를 시작하세요. 책에 있는 방법을 그대로 해 보셔도 좋고, 내 아이에 맞게 조금씩 변형해서도 해 보세요. 비장하지 않게, 가볍게, 가능하다면 즐겁게 말이지요. 오늘 안 되면 내일이나 모레 하면 된다는 마음으로 수없이 작심삼일을 거듭할 때, 내 아이도 나도 어느새 자라 있을 겁니다.

느린 학습자, 그리고 그들과 함께하는 모든 부모를 응원합니다.

느린 학습자의 부모가 참고하면 좋은 사이트

★ 국가기초학력지원센터 '읽기 유창성과 독해력 향상을 위한 읽기 검사지', '꼼알어휘'

읽기 유창성과 독해력 향상을 위한 읽기 검사지

단어 유창성과 글 읽기 유창성을 함께 연습할 수 있습니다. 그뿐만 아니라 해당 글에 대한 배경지식과 이해도를 확인하는 간단한 문항도 제공됩니다. 제목이 검사지인 만큼 학년별, 항목별(유창성, 독해력, 배경지식)로 성취해야 하는 기준을 알려 주고 있습니다. 글의 종류도 학년별로 이야기글(서사)과 지식정보글(정보)이 각 1편씩 제공됩니다.

꼼알어휘

학습도구어 목록을 다운로드하여 확인할 수 있습니다.

★ 읽기 유창성 교재 '따스함'

현장에 계신 선생님들이 직접 만든 교재로, 기초편과 실력편 총 6권이 있습니다. 역시나 다양한 글(시, 이야기글, 설명글)을 담고 있고, 실력편은 계절 주제에 해당하는 글이 모여 있습니다. 유창성 전문 교재이다 보니 한 편의 글 분량이 소리 내어 읽기에 적절합니다.

이 책의 장점은 시범 읽기 음원이 제공된다는 점입니다. 부모도 유창성에 자신이 없거나, 읽어 주기 힘든 날 이 음원을 활용해 보세요.

★ 두루책방

한국어가 서툰 다문화 가정 어린이와 느린 학습자를 위한 디지털 책방입니다. 단어로 이루어진 책부터 짧은 문장으로 된 책, 생활글과 미세먼지, 지구 온난화 같은 지식정보글이 골고루 들어 있습니다. 수준도 1~6단계로 나뉘어 있고요.

전문 성우가 또박또박 읽어 주는데, 읽는 부분이 형광색으로 표시됩니다. 성우가 정확하게 읽어 준 것을 듣고 바로 따라 읽으면서 유창성 연습을 해 볼 수 있겠네요. 출력도 가능하니 뽑아서 읽기 자료로도 써보세요.

★ 중앙다문화교육센터 '초등 사회과 보조교재'

사회 교과 어휘와 학습도구어를 확인할 수 있는 자료입니다. 중앙다문화교육센터 사이트에서 자료실 탭-검색어 '사회과 보조교재'를 입력하면 자료를 확인할 수 있습니다.

읽고 쓰기의 즐거움을 깨닫게 해 주는 특급 문해력 솔루션

느린 학습자, 경계선 지능, ADHD를 위한 문해력 수업

초판 1쇄 발행 2025년 2월 13일

지은이 김나형
펴낸이 민혜영
펴낸곳 (주)카시오페아
주소 서울특별시 마포구 월드컵로14길 56, 3~5층
전화 02-303-5580 | **팩스** 02-2179-8768
홈페이지 www.cassiopeiabook.com | **전자우편** editor@cassiopeiabook.com
출판등록 2012년 12월 27일 제2014-000277호

ⓒ김나형, 2025
ISBN 979-11-6827-279-8 03590

이 책은 저작권법에 따라 보호받는 저작물이므로 무단 전재와 무단 복제를 금지하며,
이 책의 전부 또는 일부를 이용하려면 반드시 저작권자와 (주)카시오페아 출판사의
서면 동의를 받아야 합니다.

저작권 허가를 받지 못한 일부 작품에 대해서는 추후 저작권이 확인되는 대로
절차에 따라 계약을 맺고 그에 따른 저작권료를 지불하겠습니다.

- 잘못된 책은 구입하신 곳에서 바꿔 드립니다.
- 책값은 뒤표지에 있습니다.